林業イノベーション
―林業と社会の豊かな関係を目指して

長谷川尚史 著

Hisashi Hasegawa

林業改良普及双書 No.183

まえがき

この本を手に取られた皆さんは、「イノベーション」と聞いて、何をイメージされるでしょうか？

ある方は、最近の世の中で必要な、いろんな分野で求められている技術における重要な方向性だと受け取られるかもしれませんし、あるいは、テレビや新聞でずいぶん前から聞く、今風で怪しげなカタカナ語、と感じられる方も多いかもしれません。

実際、「イノベーション」は、時代に乗り遅れるな、というようなビジネス啓蒙書などでよく使われる用語ですし、流行の一種のような感を拭えません。しかしこの「イノベーション」という言葉は、現在のチェコに生まれ、オーストリアの大蔵大臣、アメリカの計量経済学会会長などを歴任したヨーゼフ・アーロイス・シュンペーターが、今から１００年以上前、１９１２（明治45、大正元）年に著した本の中で定義した、古い経済学用語です。１９５６（昭和31）年には、日本の経済白書にも「技術革新（イノベーション）」として紹介されています。

イノベーションの概念については第２章で解説しますが、日本語で「技術革新」と訳される

まえがき

ことの多い「イノベーション」という言葉が近年の日本で再注目されている理由としては、日本経済自体が行き詰まっていることが要因の1つに挙げられるでしょう。経済や社会がうまく回っているうちは、わざわざ革新して新しい仕組みを求める必要性は低いですが、うまくいかなくなってきている今こそ、「イノベーション」が必要だ、という訳です。

革新、というのは、言葉にすると簡単ですが、実際に仕組みを革新するには具体的な計画を立てなければなりませんから、その方向性については様々な人が様々な意見を言う余地が生まれます。林業は今でこそ低迷してはいますが、歴史的には日本の礎を作ってきた基幹産業の1つであり、また近年では国の政策として成長産業化すべき産業に挙げられています。その将来像には様々な可能性があり、「革新」の方向性についても、読者の皆さんそれぞれ、様々な意見をお持ちなのではないかと思います。本書もあくまで、そのような林業イノベーションの方向性を示す声の1つに過ぎません。

しかし今の世の中では、様々な立場の方が、それぞれに考える林業でのイノベーションの姿に関する意見をいくら声高に叫んでも、その方向性がバラバラであれば実際には何も動き出さないまま林業は低迷から抜け出せず、ひいては日本の森林や山村は荒れ果て、森林のめぐみを享受できるような社会の仕組みは実現できないでしょう。

せめてこの本が、読者の皆さんの「日本の林業・森林の未来」に関する方向性を一致させる上での参考となり、真の「林業イノベーション」の実現に少しでも役に立てることを祈っています。

２０１６年1月　長谷川　尚史

目次

目次

第1章

はじめに
～森林・林業の現状と課題

近年の日本の林業が置かれている困難な状況については、今更、かき立てるまでもありませんが、イノベーションについて議論する前に、まず木材需給報告書などの統計資料を用いて、現在の林業が置かれている状況を確認してみることにしましょう。

1.1 素材生産量と林業生産所得

素材生産量の推移

日本の木材需要量（用材）は、２０１４（平成26）年において７２５４万㎥、そのうち国産材は２１４９万㎥で、木材自給率は29・６％となっています。木材自給率が最も低かった２０００（平成12）年には木材自給率は18・２％でしたから、ずいぶんと回復したことになります。

しかし実は２０００（平成12）年には木材需要量は９９２６万㎥と、現在よりも２６７２万㎥も多かったのです。当時の国産材の素材生産量は１８０２万㎥でしたから、３４７万㎥、19・２％しか伸びていません。近年の木材自給率の回復は、国産材の増産という側面よりも、むしろ日本の木材需要量の減少と外材輸入量の減少が大きな要因となっています（図１）。

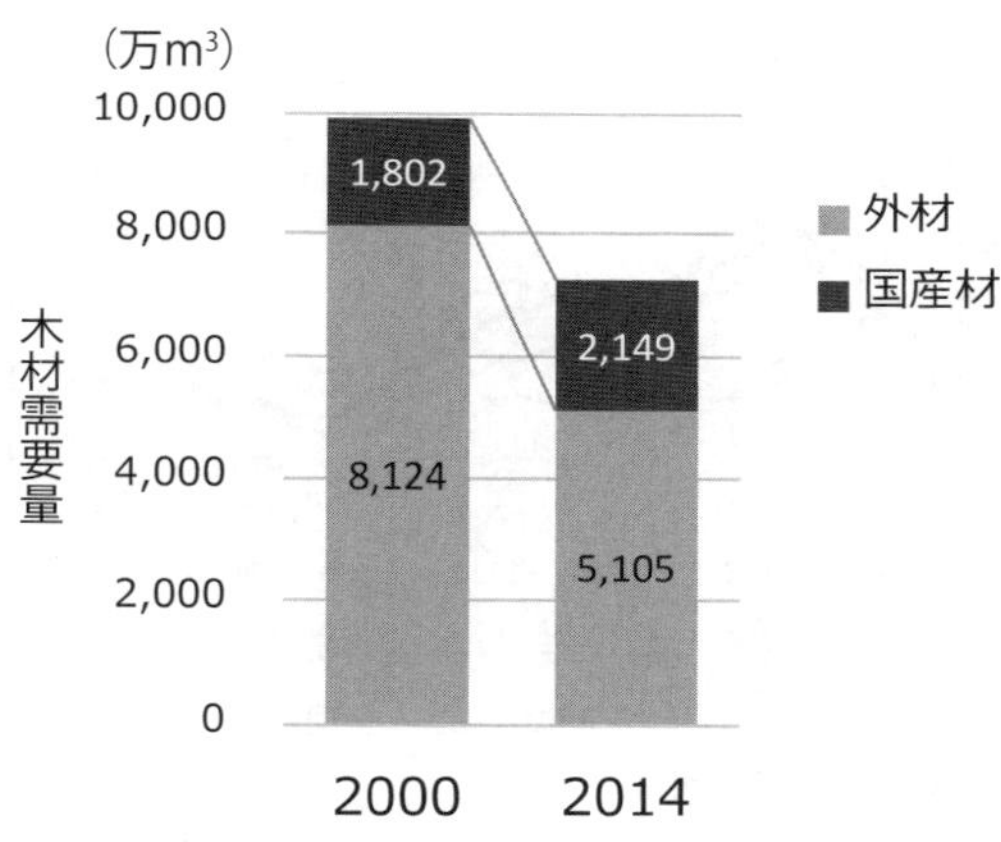

図１　近年の木材需要量の変化

一方、20％弱とはいえ、国産材の素材生産量は近年、増加しています。図２（次頁）は全国といくつかの県における、１９６０（昭和35）年から２０１４（平成26）年の素材生産量の推移を示しています。奈良県や和歌山県といった急峻な森林が多い県では減少傾向が続いていますが、宮崎県や岩手県、秋田県では２０００年代前半から素材生産量は増加に転じており、また高知県でも近年、顕著な増加が見られます。特に宮崎県では、素材生産量が最大であった１９６５（昭和40）年の１９３万㎥の87％に当たる１６８万㎥にまで素材生産量が回復しています。

このような素材生産量の増加は、林業の活性化において大変喜ばしく、特に高度経済成長期

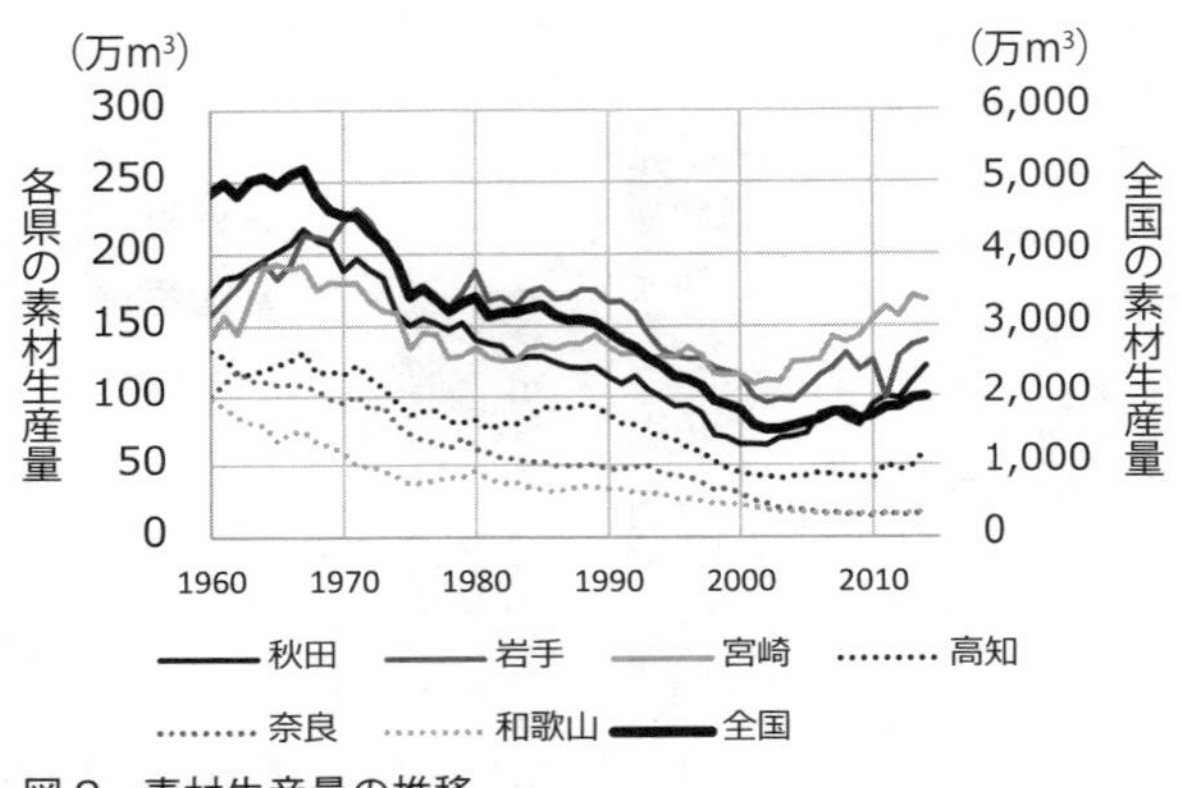

図２　素材生産量の推移

に様々な林業者の苦労によって植林され、手入れされてきた人工林資源が、いよいよ成熟して利用される時代になったのだと、大変感慨深く感じます。しかし林業においては、素材生産によってどれくらいの金額が森林所有者に還元されたか、という視点もまた重要です。それまで植林や保育に掛けてきた費用がきちんと還元されないと、林業は持続的な産業たり得ないからです。

林業生産所得の推移

図３は全国および各県の林業生産所得の推移を示しています。２０００年以降、多くの県で素材生産量が増加傾向にあるにもかかわらず、林業生産所得はさらに減少傾向にあり、ようやく２０１３（平成25）年に増加する兆しを見せ始めている、といった

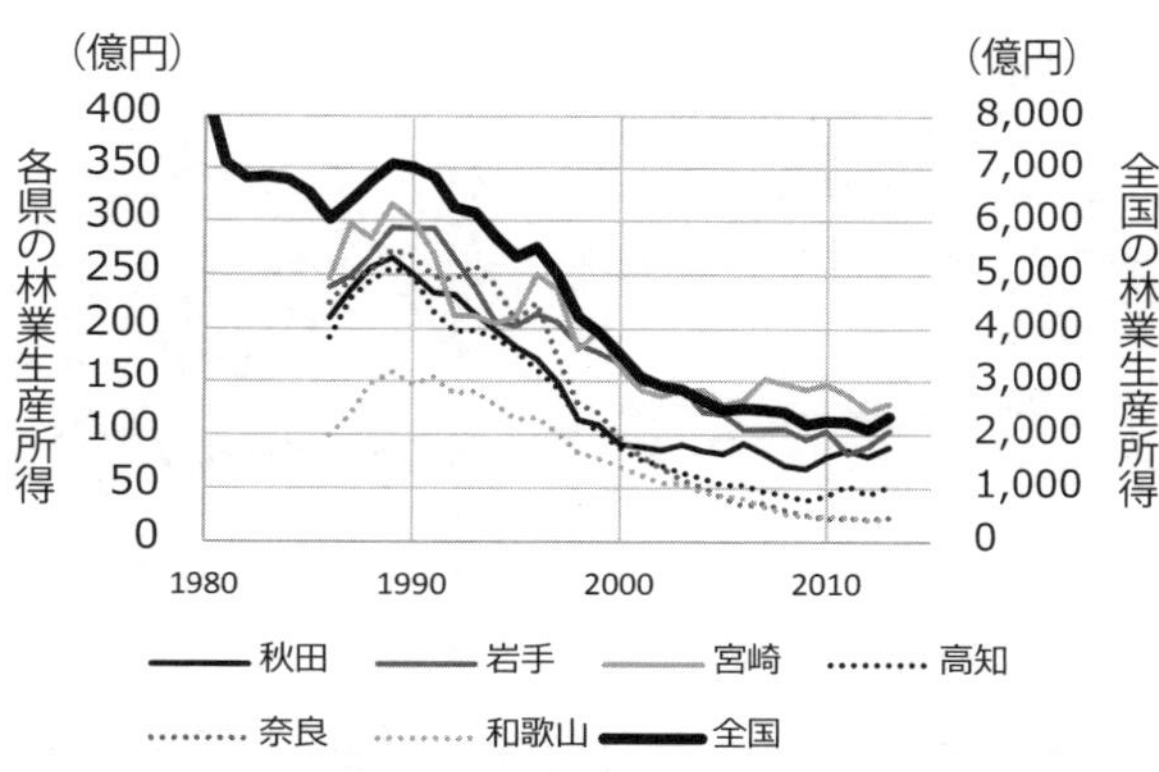

図３　林業生産所得の推移

ところです。

1.2　材価と木材の用途

樹種による需給バランスの変化

林業生産所得がなかなか増加しない原因は、木材価格の下落にあります。木材需給報告書によると、製材用木材の丸太価格は１９８０（昭和55）年をピークに下がり続けています。当時、スギ中丸太（直径14～22cm、長さ3・65～４・０ｍ）およびヒノキ中丸太（直径14～22cm、長さ3・65～４・０ｍ）の全国平均単価は、それぞれ３万９６００円／㎥、７万６４００円／㎥でしたが、スギは２０１２（平成24）年７月と２０１３（平成25）年６月に1万６０００円／㎥、ヒノキは２０１５（平成27）年７月に1万６７００

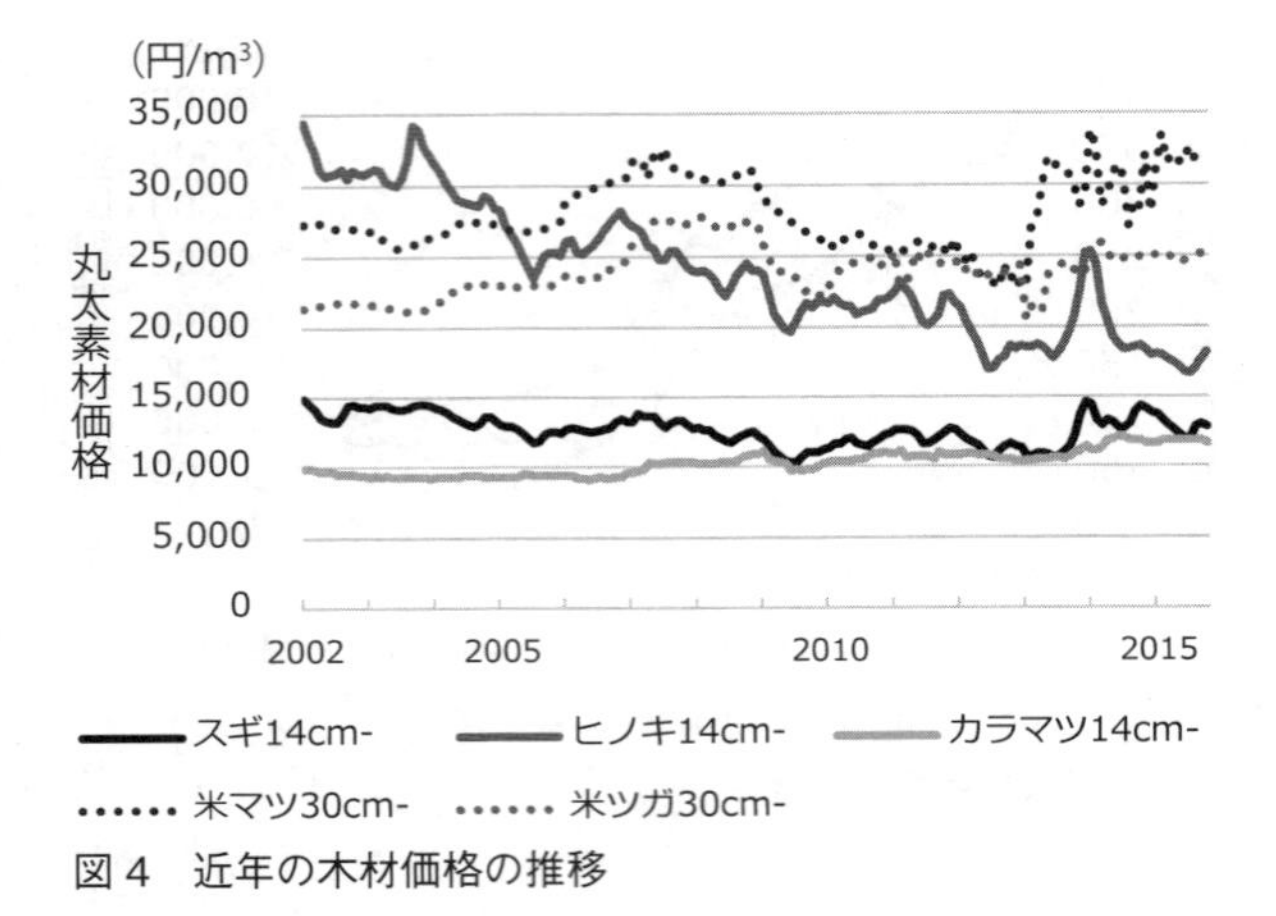

図４　近年の木材価格の推移

円／㎥と、それぞれ最低単価を記録しました。これは物価を考慮しない生の値ですが、政府の統計によると２０１４（平成26）年の物価を１００としたとき、１９８０（昭和55）年の物価は75・1とされていますから、これを元に材価の下落率を算出すると、スギ、ヒノキそれぞれ79・9％、83・6％となります。すなわち１９８０（昭和55）年と比べて、スギは5分の1、ヒノキは6分の1の価値しかなくなっている状況なのです。

これは、日本人が木材を使わなくなり、木材自体の価値が減っているということでしょうか？　**図４**は上記のスギ、ヒノキ中丸太に加え、カラマツ中丸太、外材の米マツ、米ツガにおける２００２（平成14）年以降の月別製材用丸太素材価格の推移を示しています。ヒノキはこの期間に大きく値を下げ、またスギは最近ではやや回復傾向にありますが、長期的には下落傾向であることがわかります。一方、カラマツは徐々に値を上げてきており、また米マツや米ツガの価格は高値で安定しています。２０１３〜２０１４（平成25〜26）年には大幅な円安が進行し、外材価格が高騰したにもかかわらず、国産材の価格は大きくは反応せず、ヒノキではさらに価格の下落が進行しています。つまり決して木材の価値自体が減少している訳ではなく、スギやヒノキでは需給バランスが大きく変化した、すなわち２０００（平成12）年に施行された「住宅の品質確保の促進等に関する法律（通称、品確法）」などの影響により、スギやヒノキという樹種の市場での価値そのものが下がってきたと捉えなければなりません。

木材用途の変化

また、木材の用途が変化してきたことも大きな要因として挙げられます。前述の木材価格はあくまで製材用木材の単価ですが、２０００（平成12）年以降、それまで国産針葉樹材の利用がほとんどなかった合板需要が急速に拡大しました。国内で生産される合板の国産材比率は、２０００（平成12）年にはわずか２・６％でしたが、２０１４（平成26）年には72・４％に達し

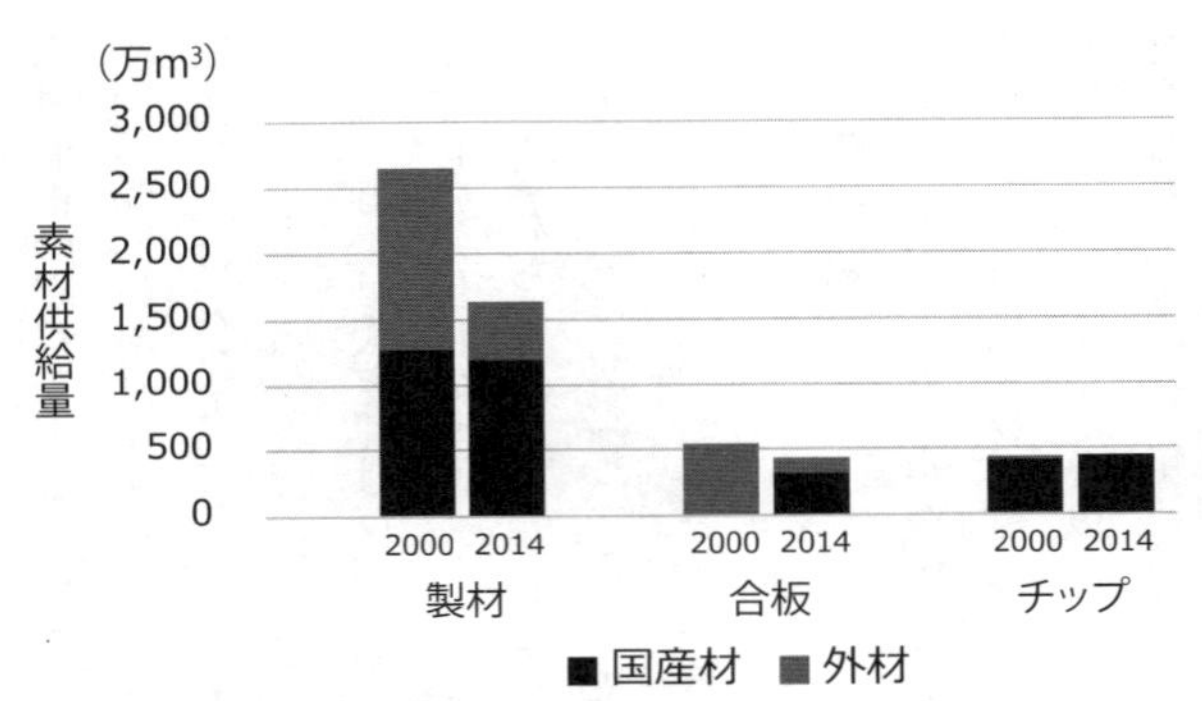

図５　需要部門別素材供給量の変化

ています。図5は両年の需要部門別素材供給量（丸太のみ）の変化を示しています。先に、この期間に３４７万㎥の国産材生産量の伸びがあったと述べましたが、製材用の木材については国内での製材需要は68万㎥減少しており、そのかわり合板需要が３０５万㎥、チップ需要が41万㎥増加し、さらに用材にはカウントされない燃料材としての利用が急増しています。製材用材に比べ、合板やチップ、燃料材は単価が低いため、素材生産量そのものは増加しているものの、林業生産所得自体はあまり変わらないという状況にある、というわけです。

1.3　育林経費

育林費用回収に必要な収益

一方、実際に植栽、保育にはどのくらいの費用が掛けられてきたのでしょうか？　２０１３（平成25）年の林野庁による林業経営統計調査によると、50年生までの育林費は、１ha当たりスギで１２１・１万円、ヒノキで２７２・６万円、カラマツで１０３・９万円という結果が公表されていますが、この値は近年の林業経営環境の元での数字で、現存する人工林に掛けられてきた費用ではありません。１９９６（平成８）年に実施された林家経済調査育林費結果報告によると、50年生までの育林費は、１ha当たりスギで２７４・４万円、ヒノキで３２４・２万円、カラマツで１５５・２万円となっています。現在の人工林の施業体系では、このくらいの費用が人工林の育成に掛けられてきたと考えて良いでしょう。

林業を持続的に行っていくためには、この費用の回収に、どのくらいの売り上げが求められるでしょうか。仮に１ha当たり２５０万円の費用を掛けて育成し、主伐時に５００㎥の収穫があったとすると、５００円／㎥の収益が出て、はじめて林業が成り立つことになります。金利などを考慮すると、より多くの収益が必要になります。材価が２万円／㎥の時代ならば、

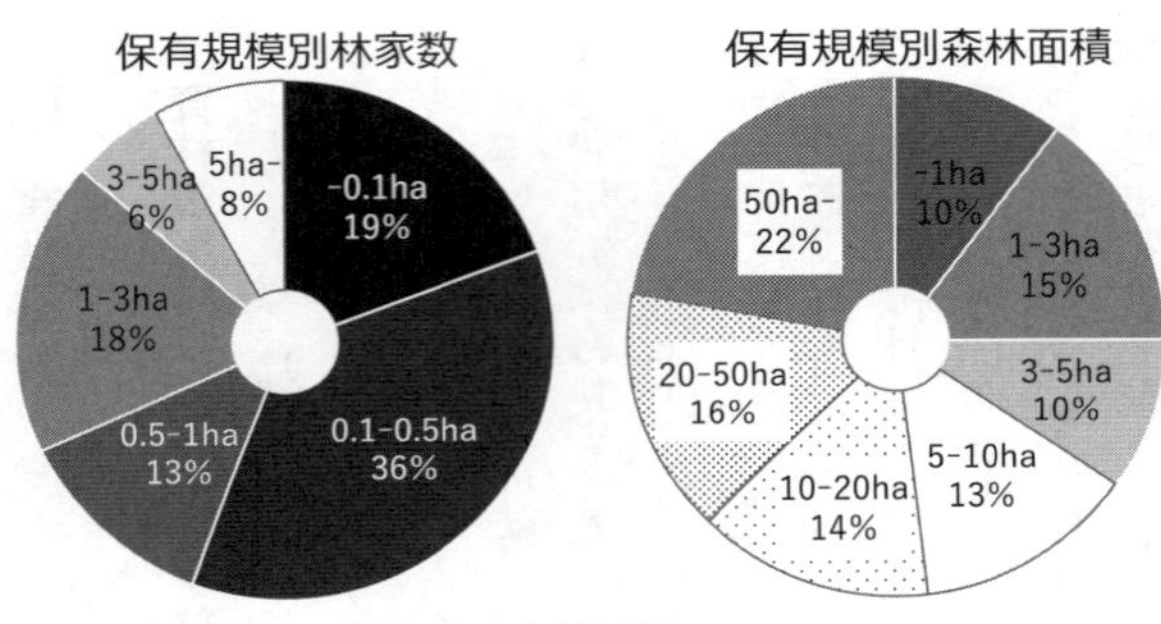

図６　保有規模別林家数と森林面積

1万5000円／㎥の費用を掛けて搬出してもこの費用は回収できますが、材価が1万円／㎥の時代では、5000円／㎥で木材を搬出しなければ元が取れない、ということになります。このような状況では、皆伐した後に放棄される森林が増加しても仕方がありません。

1.4　林地所有

林地の細分化

林地が細分化され、その所有者が高齢化していることも日本の森林管理上の深刻な課題となっています。図6は日本の民有林の保有規模別林家数と森林面積を示しています。通常、林野庁の統計では1ha以上の森林所有者しか集計されませんが、ここでは農林水産省の「2010年農林業センサス」と国土交通省の「平成20年世帯に係る土地基本統計」の結果を合わせ、１ha未満の林地所有者数も推計して示しました。ただし、土地基本統計はサンプル調査ですので、かなり推計誤差を含むことに注意してください。推計では、１ha以上の林地所有者が約90・7万世帯であるのに対し、１ha未満の所有を含むと約２８３・８万世帯もあり、森林所有者のうち実に68％が１ha未満の森林しか所有していないという結果となります。右側の円グラフのように、１ha未満の森林所有者が占める面積は10％にしか過ぎませんが、いざ集約化施業を実施しようとしても、地域によっては所有者を特定する作業や境界の測量だけでも大変なことがわかります。ましてや、これらの所有者の一部の方が間伐や作業道開設に反対されれば、地域全体の森林管理が実行できないことになります。

森林所有者の高齢化

一方、森林所有者の高齢化も深刻となっています。図7は「平成20年世帯に係る土地基本統計の結果」を元に、保有規模と森林所有世帯における家計を主に支える方の年齢の関係を集計したものです。実際の森林所有者として登録されている方ではないかもしれませんが、全体として高齢化が進み、75歳以上の方が約20％、65歳以上を合わせると約45％となっています。森林の相続に伴い、その場所や境界が不明となる状況が、今後ますます増えていくものと予想さ

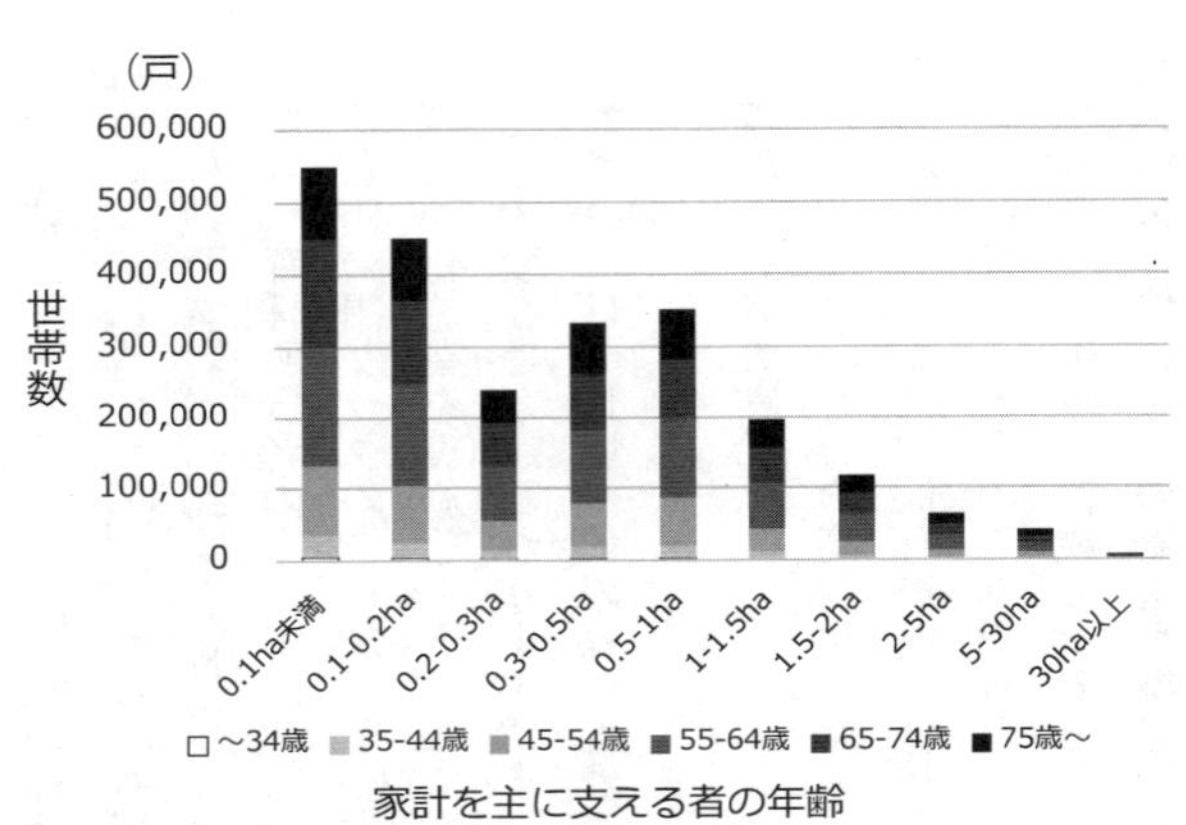

図７　森林所有面積と所有者の年齢

れます。

1.5　林業労働力

林業労働力の動向に大きな変化

林業の労働力はどうなっているでしょうか？図８は国勢調査で集計された林業就業者・林業従事者数の推移です。

図を見ると、１９６５（昭和40）年には林業就業者は26・2万人、林業従事者は21・6万人おられましたが、年々減少し、２００５（平成17）年にはそれぞれ４・７万人、５・２万人となりました。２０１０（平成22）年には林業就業者は６・９万人に増加しますが、これは日本標準産業分類の「林業」に、「管理、補助的経済活動を行う事業所」

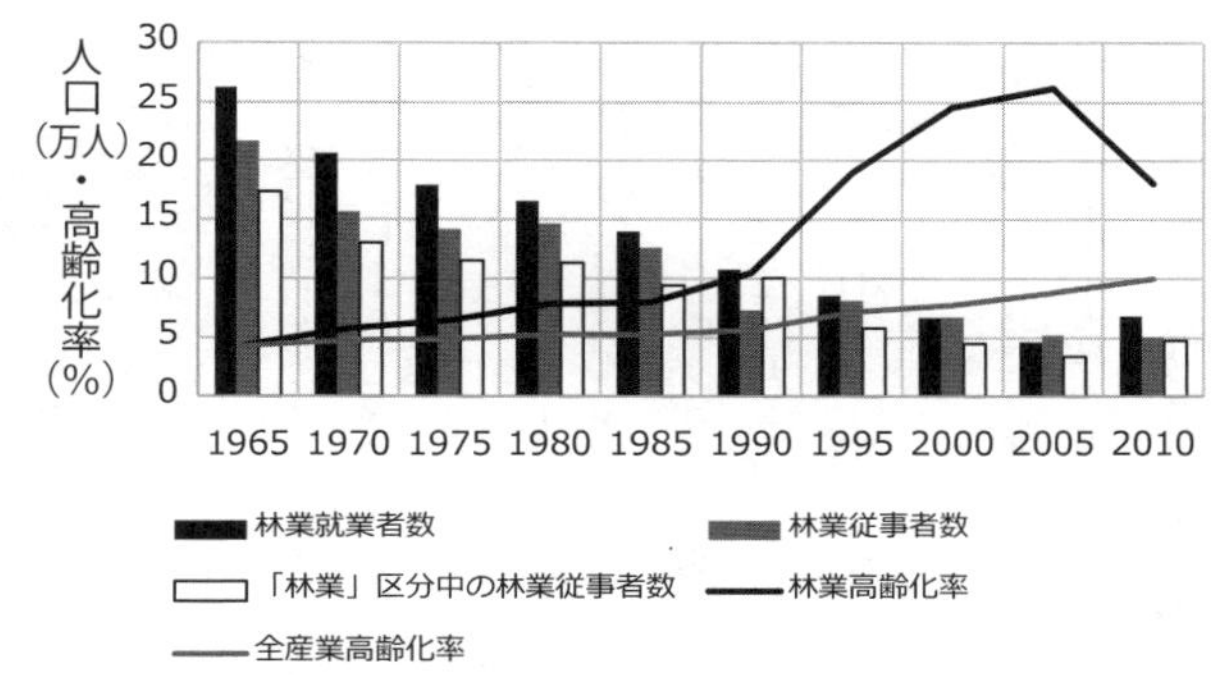

図８　林業就業者および林業従事者数の推移
『林業就業者』は、日本標準産業分類において「林業」に分類される事業所に勤務する方の総数。「管理、補助的経済活動を行う事業所」「育林業」「素材生産業」「特用林産物生産業」「林業（支援）サービス業」「その他の林業（狩猟業など）」が該当し、直接林業に従事していない方もカウントされる。『林業従事者』は日本標準職業分類において、個々人の職業が「林業従事者」に分類される方の総数。「育林従事者」「伐木・造材・集材従事者」「その他の林業従事者」が該当し、より現場での業務内容を示す区分である。林業従事者数は、勤務する事業所の産業区分が「林業」に区分されていない方々もカウントする形になるため、産業分類が「林業」に区分されている事業所中の林業従事者数も併せて示した。

が追加されたことに大きな要因があると言われています。実際、林業従事者数は5・2万人から5・1万人に微減しています。ただし、林業従事者数を「林業」に限ってみると、3・4万人から4・8万人に急増していますので、林業労働力の動向に大きな変化が訪れているのは間違いないものと思われます。
　この図では林業就業者の高齢化率を併せて示しています。高齢化率とは、65歳以上の方の占める割合で、以前から林業における高齢化率の高さは大きな問題点として指摘されていました。図を見てわかるとおり、林業の高齢化率は１９６５（昭和40）年には他産業とほぼ同じでしたが、１９９０（平成２）年頃から急激に高くなり、２００５（平成17）年には26・2％に達します。つまり、林業で働く方の４人に１人が65歳以上という状況になりました。しかし２０１０（平成22）年には18％にまで低下し、急激に若返ったことになります。

他の職業を経験したI、J、Uターンの人材が多い

図９の左側に２０００（平成12）年と２０１０（平成22）年の林業就業者の年齢の変化を示しました。このグラフから、特に25～40歳の働き盛りの方が大きく増えていることがわかります。この年代の方は、２０００（平成12）年には９３７１人でしたが、２０１０（平成22）年には１万５０４７人と、実に１・６倍となっており、分類方法の変更だけが要因ではなさそうです。

右のグラフは年齢データから生年を推定して示したものです。１９４６～１９５０（昭和21～25）年生まれの方の部分でグラフが交差していますが、この交点から左の部分、２０１０（平成22）年のデータが２０００（平成12）年のデータを上回っている分が少なくとも新たに林業

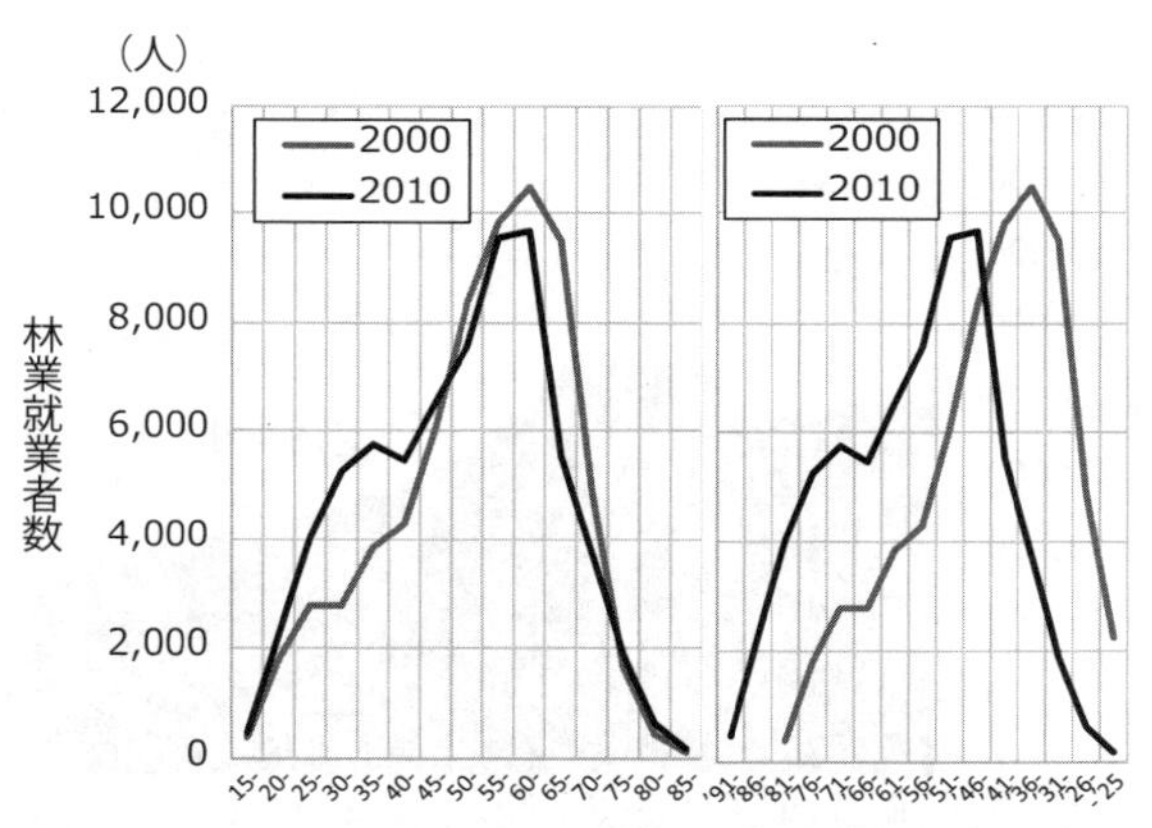

図９　林業就業者の年齢と生年の変化

の世界に飛び込んで来られた方、といえそうです。通常の産業ですと、増える部分は新卒採用という形で若い年代の方に偏りがありますが、林業の場合、非常に幅広い年代の新規就労者がおられるのが特徴といえます。

新規就労者および離職者の指標となる２期間の就業者数の差は、１９８１～１９９０（昭和56～平成２）年生まれ（２０１０年時点で20～29歳）の方が５８９９人なのに対し、１９５１～１９６０年（昭和26～35）年生まれ（同、50～59歳）の方も６７２６人おられます。すなわち他の職業を経験したＩ、Ｊ、Ｕターンの人材が多いと推定されます。

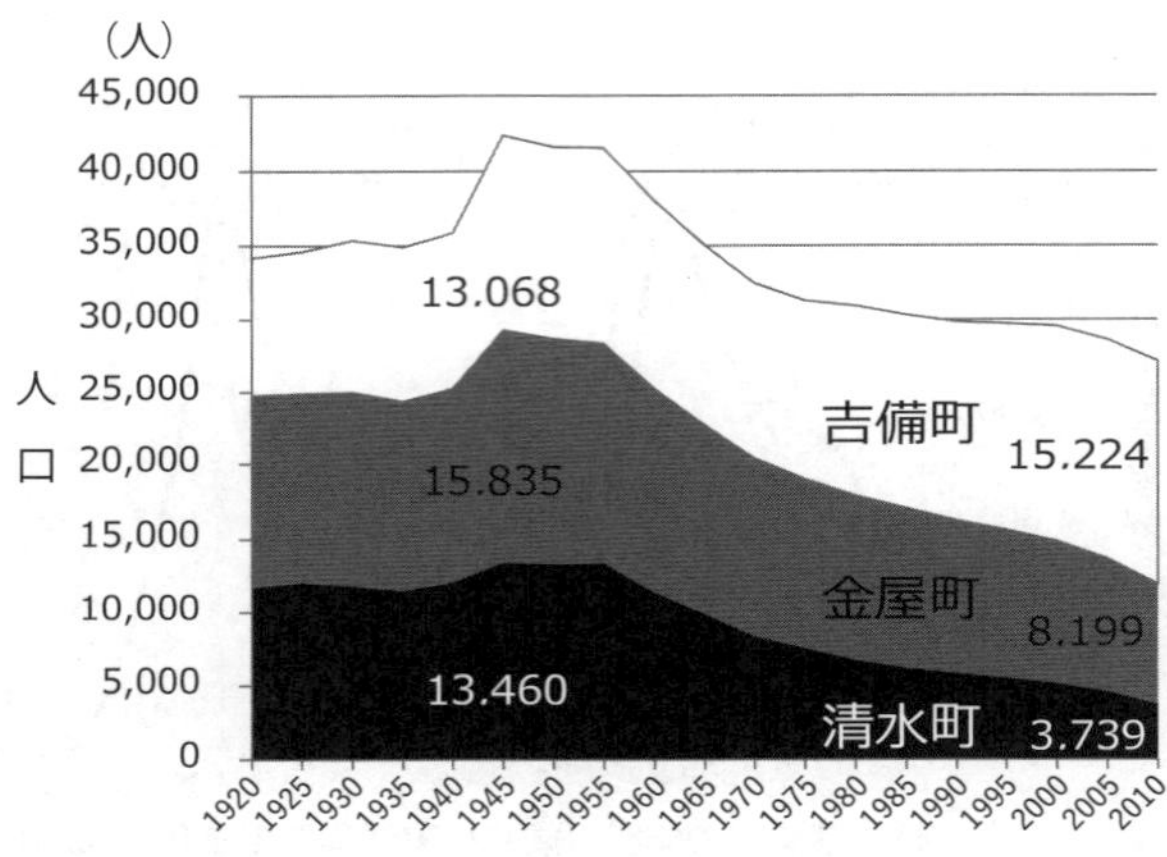

図10　有田川町の人口推移

1.6　過疎化と生活環境

中山間地域の過疎化

こういった新しい人材を迎え入れる環境はどうなっているでしょうか？　日本では、中山間地域の過疎化の問題が叫ばれて久しい状況です。**図10**は私が現在、居住している、和歌山県有田郡有田川町の人口推移を示したものです。有田川町は２００６（平成18）年に、有田川沿い上流域の清水町、中流域の金屋町、下流域の吉備町が合併してできた町で、この図はさらに遡り、１９２０（大正９）年以降の国勢調査データから、それ以降の町村合併などを考慮して３町域の各年代の人口を推定して作成しました。

この地域の人口が最も多くなったのは

1947（昭和22）年の国勢調査時で、おそらく戦争の疎開の影響で大阪や和歌山市内などから一時的に移住があったものと考えられ、当時の人口は清水町、金屋町、吉備町それぞれ1万3068人、1万5835人、1万3460人と、拮抗していました。しかし戦後の燃料革命、高度経済成長の時代に、特に上流の清水町で人口が減少し、2010（平成22）年には清水町、金屋町の人口がそれぞれ3739人、8199人となっています。吉備町は1万5224人と微増していますが、それ以上の人口が町外へ転出したことになります。特に合併後に人口減少が加速しているのが印象的です。

こうした傾向は全国の中山間地域で見られ、燃料革命による山村での生業消失が大きな要因の1つとなったと考えられます。国勢調査によると、1955（昭和30）年に21・5万人おられた製炭製薪を本業とする方は、1965（昭和40）年には3・5万人、1975（昭和50）年には3800人にまで減少しました。木炭は山村に住む農家などでも副業として重要な収入源で、また自家消費の燃料としても重要な存在であったと考えられますが、代わりに灯油などを購入しようと思うと、どうしても現金が必要になります。一方で都会では労働力不足で給与も多くもらえますから、山村から都会への人口流出が進んだのは必然であったといえます。

新規就労者への総合的なサポートが求められる

結果として、各集落にあった小学校は次々と廃校となり、診療所や救急車の配備も減少しています。生活インフラそのものが縮小、一部地域に集約化されている状況で、林業への新規就業者の生活基盤そのものが大変不便なものとなってきています。新規就労者も、独身時代はなんとか生活してくれていますが、結婚して配偶者や子どもができると、子育てなどの環境が整った市街地に転居し、そこから1時間以上かけて通勤するケースもよく見られます。場合によっては結婚を機に転職する例も多く聞かれるようになってきました。特に近年は完全失業率が低下傾向にあり、林業から再び就労者が流出しやすい状況になっています。

新規就労者の中には、地域の伝統文化の後継者となるケースもあります。中山間地域では、神楽などの祭りの後継者づくりや消防団員の若手確保などに苦労することが多くありますが、林業の新規就労者は地域文化の後継者としても期待され、仕事の技術面での育成だけでなく、生活を含めた総合的なサポートが求められる時代となっています。

1.7　森林の現況

伐期齢に関する議論が必要

さて、肝心の森林の状況はどうでしょうか？　現在の人工林資源は高度経済成長に伴う拡大造林期に植栽された林分が多く、また近年は新植が少ないことから、齢級構成が非常に偏っており、森林・林業白書など様々な機会に問題点として指摘されています。実際、太くなりすぎた木が従来の林業機械では扱えない、といった声も聞かれるようになってきました。こうした高齢級化には本来、どういったサイクルで林業を回すか、すなわち伐期齢に関する議論が必要です。

伐期齢には様々な考え方があり、例えば「収穫量を最大にする伐期齢」では成長量がやや落ちた時期（総平均成長量、すなわち「林分材積／林齢」が最大になった時）に伐採することになります。地域で定められた標準伐期齢はこれをベースに公益的機能などを勘案して決定されていますが、森林の時間当たりの炭素固定量が最大になるため、地球温暖化防止の観点から近年、再注目されている伐期齢です。また経営上の観点からは、材積ではなく経済的な面からみた「収益率最大の伐期齢」や「土地純収益最高の伐期齢」が望ましくなります。さらに、林業機械の効率的な使用や製材工場の設備などを考えると、工芸的伐期も考慮しなければなりません。これは生産された木材がどのような用途に利用されるかについて配慮したもので、川上だけでなく川下までを広く考慮した伐期齢といえます。

このように伐期齢には様々な考え方がありますが、注意しなければならないのは、林業が決して純粋な経済活動ではない、ということです。多くの伐期齢は現在の人工林の齢級よりも短くなり、特に経済性を考えれば考えるほど、リスク管理の面でも短伐期が有利となる傾向にあります。実際、海外のユーカリやアカシアなどの造林事業では、10年に満たない伐期を設定している例も多く見られます。一方で、森林の公益的機能の発揮を考えると、あまりに短い伐期の設定は望ましくありません。ある研究では、皆伐して数十年は地力が回復しないという結果が出ています。つまり、伐期齢を慎重に検討し、実行したとしても、２サイクル目、３サイクル目と経るにしたがって、成長が悪くなってくるという現象が起こる可能性があります。また、高齢級の人工林にしか生息・生育できない動植物もあり、これらにも配慮が必要になってきます。

林業の目標と施業体系

伐期齢の問題は、林業で何を生産するか、という問題に帰結します。現在の林業における施業体系は、高度経済成長時代に不足した住宅用柱材の生産に主眼を置いたものです。柱材を大量生産するために、どのくらいの密度で植栽し、どのくらいの頻度で間伐を行うか、という施業体系が確立されてきました。住宅需要が低迷する中で、林業によって何を生産していくか、不透明になっていますので、間伐は当初の「目標とする質の木材を効率的に生産するための作業」という性質から、単に「森林を健康に保つための作業」へと変貌し、林業における「施業」そのものが揺らいでいるといえるでしょう。

図11は治山工事のための林道が作設された現場で撮影したものです。このヒノキ林は樹高20ｍほどに達していますが、これまで間伐や枝打ちなどの保育作業が行われた形跡はなく、生きた枝は上から1〜２ｍ程度の高さまでしかありません。樹高に対する樹冠の長さの比率は樹冠長率と呼ばれ、森林の健全度の指標として間伐の必要性が判断されることになりますが、この林分は林齢が高く、樹高成長はかなり鈍化しています。ヒノキはスギに比べて耐陰性が高いため、林内で枯死木が出にくく、このような状況になりやすい印象があります。この林分で間伐をしたとしても、一度枯れ上がった枝は回復せず、長期間、樹冠長率が非常に低い状況が続く

図 11　間伐手遅れのヒノキ林

ため、風や雪などの災害に遭う可能性も高くなります。こういった林分はリスク覚悟で思い切った間伐を行うか、皆伐して植え直すしかないでしょう。高齢級化により、こういった「間伐手遅れ林分」が全国で増加していると考えられます。

1.8　林業を取り巻く状況の悪循環

悪循環の要素

以上のように林業にとっては一部で明るい兆しは見え始めてきてはいますが、依然として非常に難しい問

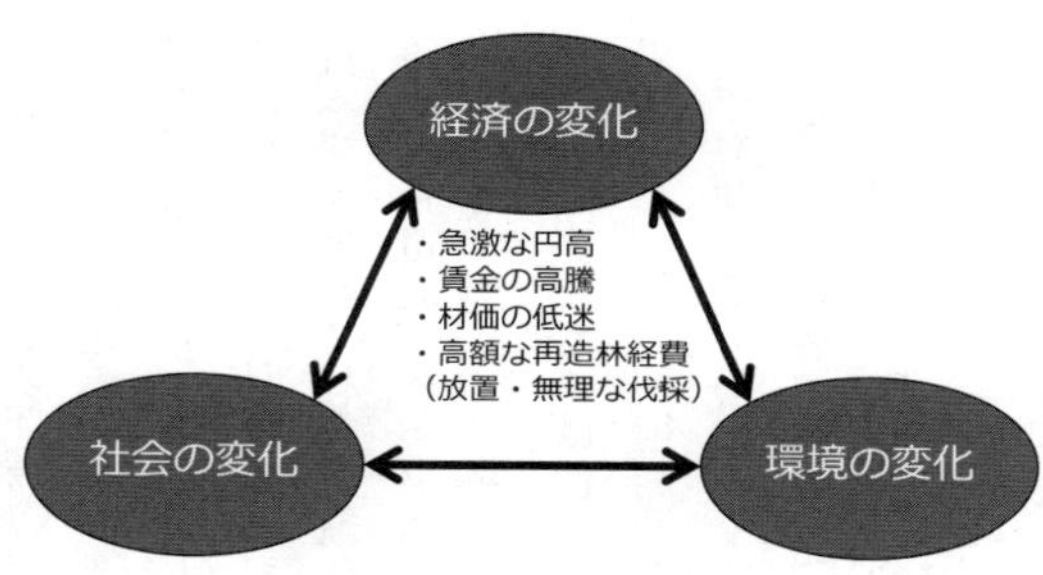

図 12　林業を取り巻く状況の悪循環

題が山積しています。図12はこれら林業を取り巻く状況の悪循環の要素を示しています。素材生産量は近年、伸びていますが、材価の低迷や合板やチップなどの低質材の増加により、林業生産所得は伸びていません。育林経費を回収するのにはほど遠く、林地の所有形態は零細分散化され、所有者の高齢化も進んでいます。若い人たちが林業の世界に新規就業者として飛び込んできてくれ始めていますが、中山間地域の過疎は深刻で、生活環境が整いません。森林は高齢級化し、その用途や皆伐の目処も立たない状況にあり、もはや手遅れとなった人工林も増えています。

無理して林業は続けなくて良いという声

さらに日本全体を見れば、少子高齢化で、林業の供給先のメインターゲットであった住宅は、着工数が著しく減少しており、将来にわたり大幅に回復する見込みはありません。毎年、従来では考えられないような集中豪雨が発生しているほか、台風も年々大型化しており、下手に道を付ければ災害の危険性も高まってしまいます。

確かに近年、林業はこれからの成長産業として期待されている部分もありますが、一方では、日本で無理して林業は続けなくて良い、という声も聞かれます。山村に人が住まなければ、道路や携帯電話、ケーブルテレビなどのインフラは不要となりますし、郵便や宅配便などの配達も効率化できます。少子高齢化で経済環境も悪い中、田舎に人は住まなくて良い、地域の伝統文化もなくなるのは仕方ない、災害の多い日本では森林は天然林だけで良い、外交をうまくやって輸入すべき、技術開発で新素材を開発すべき、という雰囲気が、例えば大学の森林科学者の中でも強まっているのです。

しかし、林業は本当にこのまま行き詰まるしかないでしょうか？　林業がこれからの将来社会に貢献するためには、今、何をしなければならないでしょうか？　次章では、イノベーションの概念と林業におけるイノベーションの必要性および方向性について概観してみたいと思います。

第2章

イノベーションとは何か

まえがきで述べたように、「イノベーション」という言葉は、オーストリア、アメリカで活躍した経済学者ヨーゼフ・アーロイス・シュンペーターが、1912（明治45、大正元）年に『経済発展の理論』という著書の中で概念を提唱、定義した経済学用語です。当初は「イノベーション」ではなく、「経済発展の駆動力となるのは、企業者による『新結合（ニューコンビネーション）の遂行』である」、という言い方がされていましたが、後年になって本人自らが、この「新結合の遂行」をイノベーションと呼ぶようになりました。

2.1 イノベーションの定義

イノベーションは挑戦によって起こる

「新結合」とは、何と何を結合させるのでしょうか？　実はこれは、イノベーションの本質を質す問いです。著書の中でシュンペーターは、「経済発展には内生的に生まれる循環的変化と、非連続な変化があり、非連続な変化の形態と内容は、『新結合の遂行（イノベーション）』によって与えられる」と書いています（以下の訳文は岩波文庫原書第2版〈塩野谷ら訳、1977〉より。括弧内は筆者による簡略化した表現）。

1. 新しい財貨すなわち消費者の間でまだ知られていない財貨、あるいは新しい品質の財貨の生産（新たな製品・品質）

2. 新しい生産方法、すなわち当該産業部門において実際上未知な生産方法の導入。これはけっして科学的に新しい発見に基づく必要はなく、また商品の商業的取扱いに関する新しい方法をも含んでいる（新たな生産方法）

3. 新しい販路の開拓、すなわち当該国の当該産業部門が従来参加していなかった市場の開拓。ただしこの市場が既存のものであるかどうかは問わない（新たな販路・市場）

4. 原料あるいは半製品の新しい供給源の獲得。この場合においても、この供給源が既存のものであるか―単に見逃されていたのか、その獲得が不可能とみなされていたのかを問わず―あるいは始めてつくり出さねばならないかは問わない（新たな原料、半製品の調達）

5. 新しい組織の実現、すなわち独占的地位（たとえばトラスト化による）の形成あるいは独占の打破（新たな組織）

要するにシュンペーターは、経済発展における非連続な変化は、企業家による前記5つの「新結合」、すなわち挑戦によって起こる、とし、これを「イノベーション」と名付けた訳です。

ここで注意していただきたいのは、シュンペーターが提唱するイノベーションは、技術だけでなく、より幅広い経済活動一般について対象としていることです。日本ではよく、イノベーションが「技術革新」と訳されますが、イノベーションは決して技術のみを対象としたものではありません。

「業を企てる」者がイノベーションを起こす

ここで、「企業者」という存在が多く出てきますが、企業者とは何でしょうか？　シュンペーターは企業者について、「だれでも『新結合を遂行する』場合にのみ基本的に企業者であって、したがって彼が一度創造された企業を単に循環的に経営していくようになると、企業者としての性格を喪失する」と述べています。「企業」という言葉は、単純に会社などとは異なり、まさに「業を企てる」という挑戦的な意味を持っている、ということになります。シュンペーターはまた、「鉄道を建設したものは一般に駅馬車の持主ではなかった」とも書いています。駅馬車の持ち主とは、現在で言うと郵便・宅配業者に当たりますが、古い産業の担い手はイノベーションを起こす力に乏しく、別の「企業家」がイノベーションを起こして非連続な経済発展が起こり、古い産業形態が淘汰されるのが一般的である、というのです。

また景気変動の要因についてシュンペーターは、イノベーションを起こした企業者が一時的に独占的利潤を得た後、これを模倣する企業者が群生して利潤が減少し、これによって企業者は単なる管理者となって景気が下降するという考え方を示しています。

2.2 持続的イノベーションと破壊的イノベーション

イノベーションの分類

イノベーションについてはその後、多くの研究が行われ、様々な分類がされています。その詳細は専門書に譲りますが、その中でも重要な伝統的分類として、持続的イノベーション（インクリメンタルイノベーション）と破壊的イノベーション（ラディカルイノベーション）という考え方を紹介しておきます。

持続的イノベーションとは、ある既存の技術が成熟を遂げる過程の性能向上の過程を示し、穏やかなイノベーション、どちらかというとシュンペーターのいう内生的な要因による経済発展の概念に近いものです。一方、破壊的イノベーションはより劇的で、新たな技術に基づく新製品の開発など、従来の価値基準を覆すほどの急進的なイノベーションです。例えば、バックホウの細かな改良による性能向上は持続的イノベーション、ケーブル式重機から油圧式重機への転換は破壊的イノベーションに分類されます。

破壊的イノベーションが閉塞状況を打開

一方、一般的に財の消費量が増えるにつれて、追加された財の効用が次第に小さくなるということは、古くから知られており、これを「限界効用逓減の法則」と呼びます。例えば喉が渇いたときに飲む炭酸飲料（特にビール）は、1口目は身体に染み渡るほどおいしいものですが、2口目、3口目、と進むにつれて満腹になり、美味しいと感じる感動が徐々に薄れていきます。これはイノベーションの世界でも共通する現象で、持続的イノベーションでは、その努力（開発費など）に対する成果（作業能率の向上など）が徐々に少なくなっていき、最終的にはどんなに努力しても成果を上げることが難しい閉塞した状況となります。そして、このような状況を打開するのが破壊的イノベーションということになります。

持続的イノベーションでは技術や経済活動が深化し、その成果も向上しますが、やがて頭打ちとなります。そこで同時に全く新しい技術や経済活動の方向性が検討され、これが成熟して新たな破壊的イノベーションを起こすのです。新たな技術や活動は、最初は成熟した従来のものに太刀打ちできませんが、様々な障害が取り除かれると、従来の方法よりも大きな成果を上

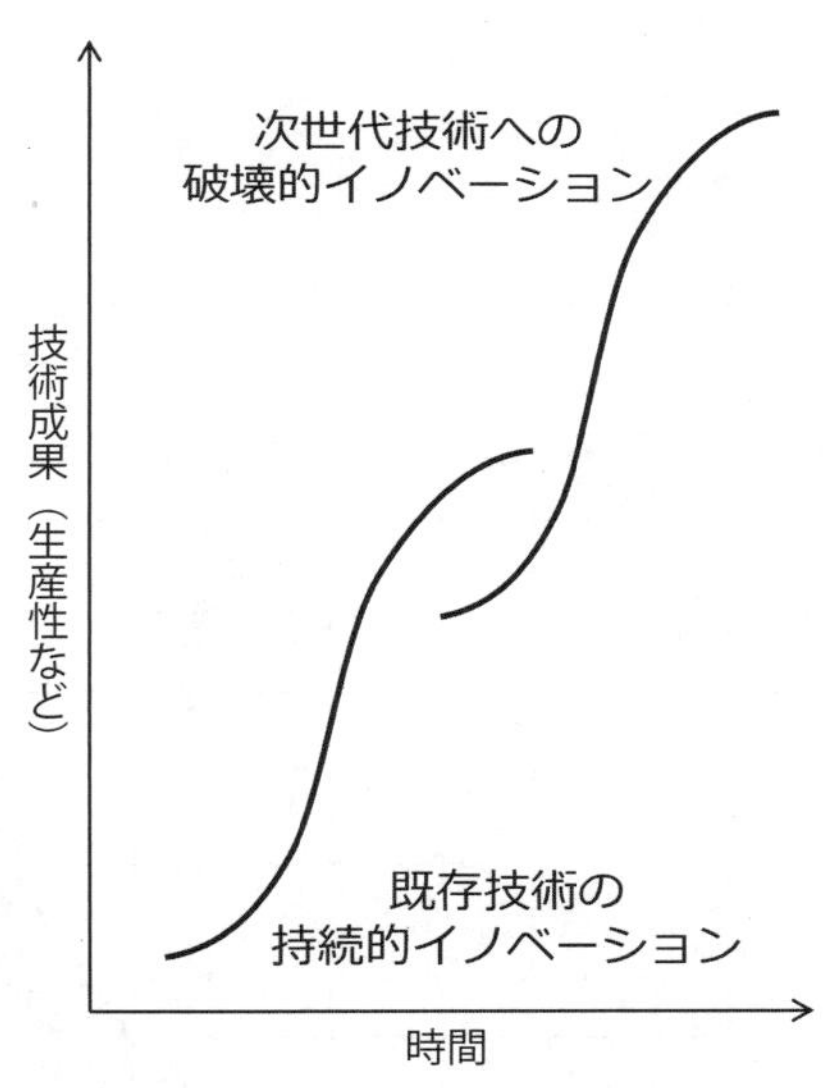

図13　持続的イノベーションと破壊的イノベーション

げ、従来の方法と入れ替わります（図13）。

2.3　スウェーデン林業に見るイノベーション

労働生産性の推移とイノベーション

図14は、スウェーデン林業における労働生産性の推移です（SKOGFORSK, NEWS No. 1, p3, 2008）。ここで算出されている労働生産性は、生産量を労働力投下量で割って算出されたもので、山の現場だけでなく、事務作業などを含めた値です。『森林・林業白書』でも紹介された有名な図ですのでご存じ

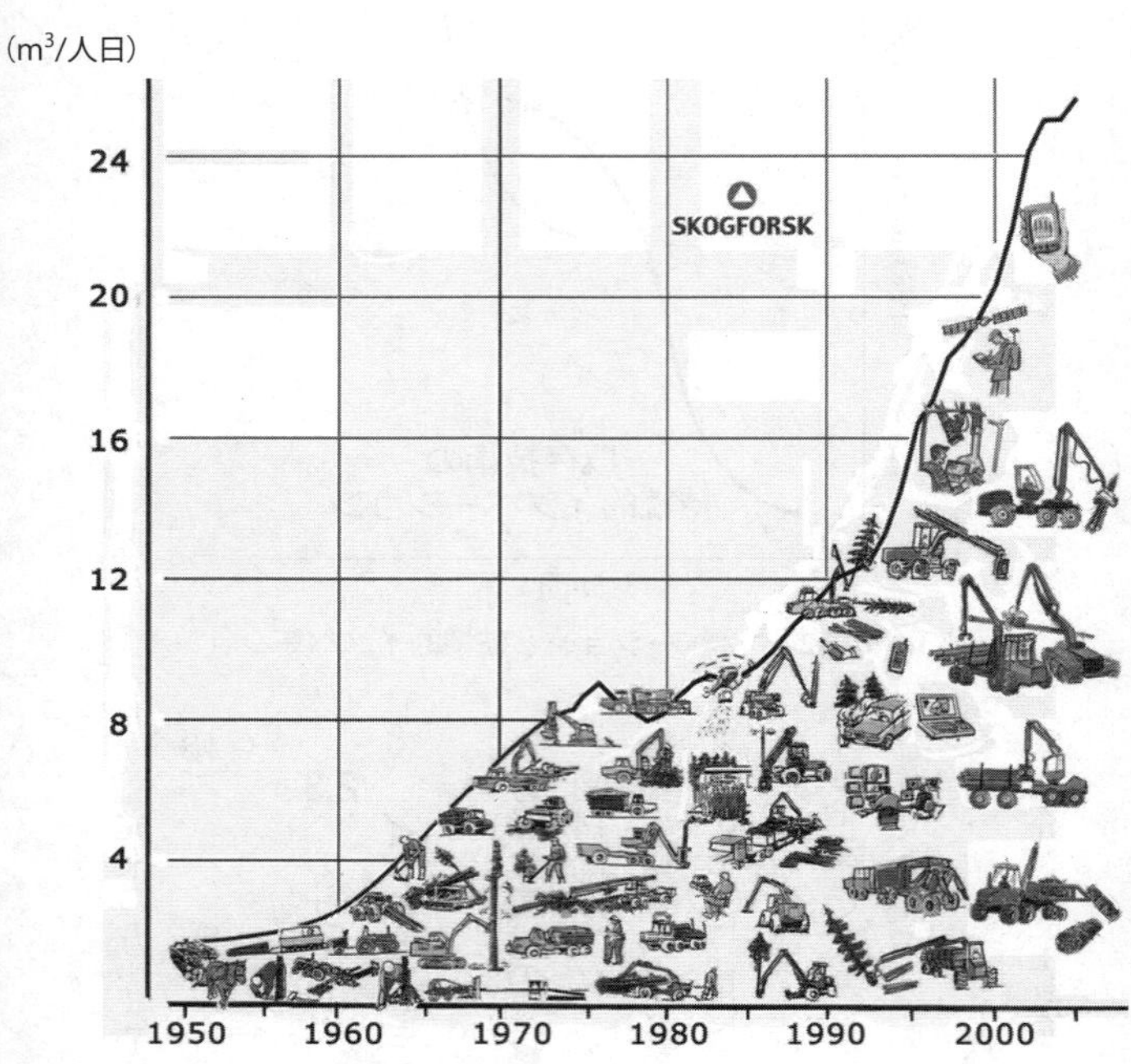

図14　スウェーデンの労働生産性
出典：SKOGFORSK, NEWS No. 1, p3, 2008

の方も多いと思いますが、改めてこの図を描かれている「絵」と一緒に見てください。１９５０（昭和25）年当時、生産性は２㎥／人日程度でしたが、これは人力や馬などを用いて搬出が行われていた時代です。これが１９５０年代後半から飛躍的に向上し、１９７０年代中頃には９㎥／人日程度に達します。これは絵で描かれているとおり、林業機械の登場によって起こった破壊的イノベーションと、その普及、改良によって成し遂げられた持続的イノベーションが要因であることがわかります。

高性能林業機械によるイノベーション

しかし１９７０年代中頃からの10年間、生産性の向上はほとんどありません。機械化の普及と改良が一巡し、持続的イノベーションが頭打ちになったと理解することができます（環境問題が台頭し、作業効率だけを求めることができなくなったことも一因かもしれません）。ところが１９８０年代後半からは再び生産性が向上しはじめ、１９９０（平成２）年頃には生産性が12㎥／人日に達します。これは複数工程を処理できる林業機械、日本でのいわゆる「高性能林業機械」が普及した時代に合致します。複数工程を処理できる機械は、作業する人員を減少させ、生産性を向上させる効果があります。この高性能林業機械の登場が、この時代での破壊的イノベーションとなりました。高性能林業機械はその後、普及、改良が進められます。

パーソナルコンピュータによるイノベーション

この波が一段落したのは１９９０年代前半で、ここで生産性の伸びが鈍化しますが、これを再び増加させる要因になったものが、図の中の絵に描かれています。この時期、一般にパーソナルコンピュータが普及し、事務処理が効率化されたことが、新たな破壊的イノベーションに繋がり、生産性がさらに向上したのです。

ＩＴによるイノベーション

その後、１９９０年代後半にも生産性が一時鈍化していますが、２０００年代に入ってから、再び増加しています。このあたりの年代に描かれているのは、ＧＰＳやＰＤＡで、いわゆるＩＴ化が生産性を押し上げています。つまり、これまでの測量などの事務作業が一気に効率化されたということでしょう。ちなみにこのＩＴ化の波は近年では林業機械にも及び、ハーベスタで処理された丸太の量がそのまま重機に搭載されたコンピュータで処理され、さらにインターネット回線を通じて事務所に送られるなど、燃料費の高騰や小径材の処理に対応した、さらな

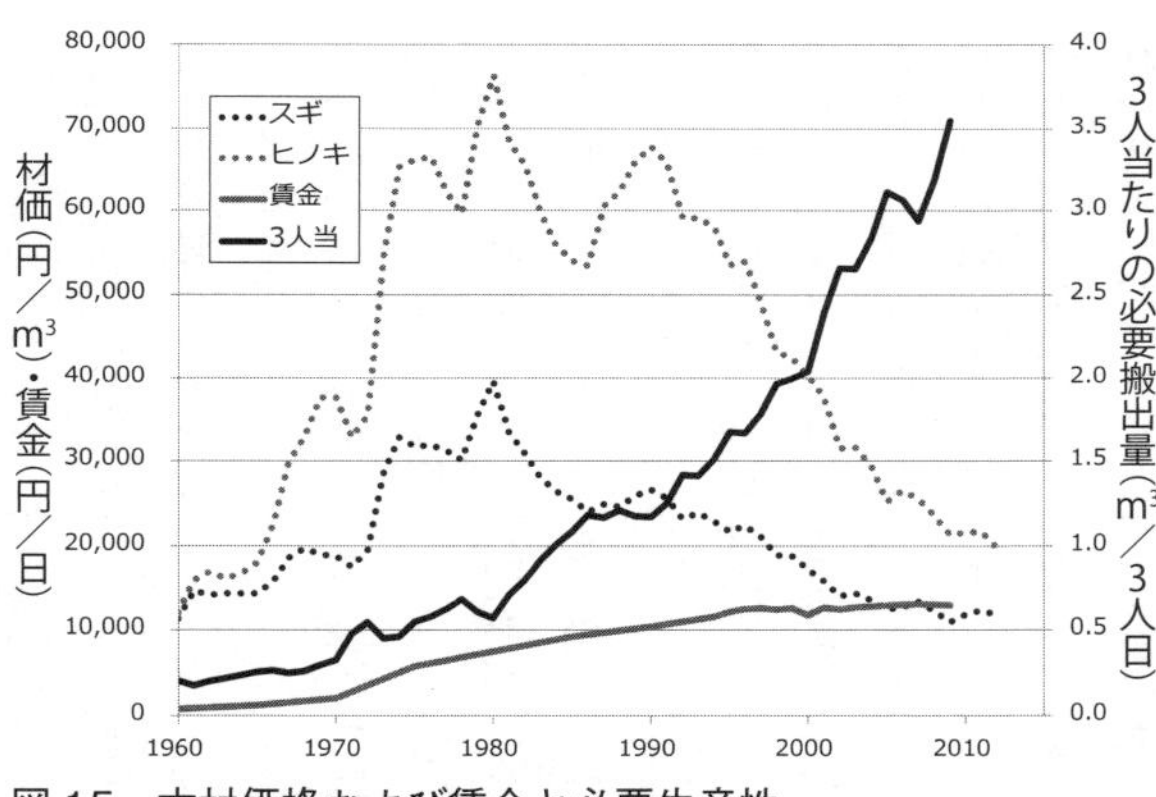

図 15　木材価格および賃金と必要生産性

る効率化が実現されつつあります。

2.4　日本における林業イノベーションの必要性

林業イノベーションが求められている論拠

図15は日本におけるスギ、ヒノキの材価と林業における1日当たりの平均賃金、さらに３人の賃金を賄うために必要な木材搬出量（スギ）の推移を示しています。木材価格は１９８０（昭和55）年をピークに下がっていますが、それ以前の１９６０（昭和35）年頃は今とあまり変わらない水準でした。もちろん、今とは物価は大きく異なりますが、スギとヒノキの価格差がほとんどなかったことが印象的です。

１９６０（昭和35）年当時、物価が異なるとはいえ、なぜ林業が元気にやっていけたのでしょうか？　当時は材価に比べて賃金水準が非常に低く、平均７６８円／日でした。仮に３人１組で木材を搬出したとすると、３人で約０・２㎥、すなわち直径24㎝の４ｍ材を１本搬出すれば、少なくとも３人分の賃金が出せた訳です。

その後、高度経済成長に伴って物価が高騰し、賃金も高騰していきます。１９７５（昭和50）年には５７９０円／日と、１９６０（昭和35）年に比べて15年間で7・5倍になりますが、一方で材価もスギで３万円を超える水準に上がりましたので、３人分の賃金は約０・５㎥、つまり直径24㎝の４ｍ材を２本、または直径36㎝の４ｍ材を１本出せば良い程度ですみました。

しかし１９８０（昭和55）年以降は材価が下落する一方で、賃金水準は変わりません。近年の賃金は約１万３０００円／日となっているのに対し、材価は約１万円／㎥をやや上回る程度ですから、３人の賃金を支払うためには3・5㎥の木材、すなわち直径24㎝の４ｍ材を16本出さなければ、賄うことができません。つまり、賃金分だけでも、以前に比べて16倍の生産性の向上が必須となっています。実際にはこれに加え、以前に比べて高価な機械が使われますので、その償却費や燃料費も必要となりますから、さらに生産性を向上させなければなりません。これが林業においてイノベーションが求められている論拠の１つとなっています。

林業イノベーションの方向性

林業におけるイノベーションの必要性は、生産性だけに限ったものではありません。そもそも現在の人工林資源の多くが、高度経済成長期における住宅需要の増大に対応するために、主に拡大造林によって植栽、管理されてきたものです。この経緯については次章で詳しく述べますが、拡大造林期の「柱材の増産」という大目標は、住宅需要の減少とともに薄れており、成熟しつつある人工林資源を今後、どのような用途に活かしていくか、という議論が必要な状況になっています。つまり、今ある人工林資源を「新たな原料」とみなし、「新たな製品」「新たな生産方法」「新たな市場」「新たな組織」をいかに作り上げるか、という、まさに１００年前にシュンペーターが定義した「新結合の遂行」、すなわちイノベーションそのものが求められているということになります。

それでは具体的に、林業のイノベーションはどういった方向性で考えるべきでしょうか？イノベーションはあくまで経済活動をベースとするものであり、経済活動とは時代の流れに沿ったものでなければなりません。時代の流れに逆らう方向性は、社会では受け入れられず、特に林業は他産業に比べて長い期間の生産過程を要する産業で、植栽されてから利用されるまでに長い期間が必要とされますので、今だけではなく、数十年後の遠い将来を見通して、その方向性を議論する必要があるのです。これは将来予測という非常に難しい問題に関する議論ですが、続く第3章では日本の森林管理の根底に流れる理念について、森林管理と利用の歴史を概観することによって学び、さらに第4章では、将来社会における森林と林業の役割について考え、その上で第5章において、日本林業のイノベーションの方向性についての議論を進めたいと思います。

第3章

日本の森林管理の歴史

森林は重要な経済活動のための資源であると同時に、様々な公益的機能を有しています。経済活動としてのイノベーションの方向性を考える上では、公益的機能とのバランスをどのように取るかについての議論が欠かせません。本章では、狭い国土の中、唯一といって良い森林資源を、日本人は長い歴史の中でどのようにバランスを取って利用してきたか、経済活動に左右されてはいけない一線はどこにあるのか、について、日本の森林管理を概観して考えてみたいと思います。

3.1 明治以前の日本の森林

縄文時代の森林利用

日本で人間が森林に手を加え始めたのは、縄文中期（紀元前３０００年頃）にまで遡ると考えられています。縄文時代といえば、狩猟・採集の文化という印象が強いですが、季節によって住居を変える半定住や、本格的な定住が始まった時代でもあります。定住するには、食料や生活資材を集落の周辺で持続的に調達する必要がありますが、この時代はまだ稲作が伝来しておらず、主に狩猟や山菜の採取、漁労活動が中心でした。しかし定住集落の周辺の植生も積極的に改変していったようです。例えば青森県の三内丸山遺跡では、縄文中期中頃に集落付近の落葉広葉樹林をクリの単純林に林種転換し、実を食用にしたほか、木製品や用材にも利用し、人口が急激に増加したということが、花粉分析やＤＮＡ解析などによって明らかとなっています。三内丸山遺跡では、ウルシも植栽していたことがわかっており、この地域では取れない翡翠が出土したことから、他地域との交易に植栽された木が利用された可能性もあります。

弥生時代の森林利用

弥生時代の本格的な幕開けは、水稲耕作技術の伝来に始まります。水田耕作では、肥料としての落葉の利用のほか、農耕資材としての木材の利用も始まります。また青銅器や鉄器が使われるようになり、その燃料資源としても木材が利用されたと考えられます。本格的な定住が始まった時代でもありますから、こうした薪炭材・農耕利用などのために、集落周辺の森林に対して伐採圧力が大きく上昇しました。集落周辺の森林は農用林、いわゆる里山として利用され、例えば照葉樹林であったものが落葉広葉樹林やアカマツ林などの陽樹を主体とする林相へと変化します。

古墳時代の森林利用

古墳時代になると、農機具の多くで鉄が使われるようになり鉄の鋳造が本格化し、燃料として木材がさらに利用されるようになったと思われます。中央集権国家が成立、さらに飛鳥時代になって仏教が伝来すると、度重なる都（宮）造営や社寺建造のためにさらに大規模な伐採が行われるようになります。

奈良・平安時代の森林利用

奈良時代には60の国ごとに国分寺と国分尼寺の建立が命じられますが、その総本山（総国分寺）である東大寺全体の建立に使用された木材は、製材品材積で少なくとも10万石（約2万7800㎥）とも推定されていますので、国分寺建立の際、大規模な森林伐採は全国規模で行われたと推定されます。

これら強力な伐採圧力の影響により、平城京では水源林・治水能力の機能低下、里山の荒廃が問題となったと考えられています。平城京から長岡京を経て平安京に遷都した要因は、主に政治的混乱のためという説が有力ですが、近年は水銀や鉛などの汚染が原因であるとする説も提唱されているほか、資材およびエネルギー資源としての周辺の森林資源が枯渇し、また伐採が原因で洪水などの災害が頻発したのも一因である、とも考えられます。日本書紀には676年5月に天武天皇が、奈良盆地を流れる飛鳥川上流、現在の明日香村周辺の山を伐採禁止にした記録が残っていますが、もしかするとこれは水害を憂いての勅令だったのかもしれません。

それでは続く平安京、すなわち京都はなぜ１０００年もの長きにわたって日本の首都として機能できたのでしょうか？　実は平安時代には、水源林における伐採規制に関する法律が制定されたほか、造林記録も見つかっています。鴨川の上流にあたる鞍馬、貴船は、都の北方守護の聖域として森林が保護されており、貴船神社は平安京への遷都前（社伝では１６００年前）から水神である高龗神（たかおかみのかみ）を祀っていますので、まさに京都盆地の水を治めている聖地といえます。こうして平安京では平城京の反省を活かし、森林の水源涵養・治水機能が強く意識されることとなったのではないかと考えられます。

鎌倉・室町時代の森林利用

武士の世となり全国各地に守護が置かれた鎌倉時代、さらにそれが守護大名、戦国大名としてより大きな権力を持つようになった室町時代には、地域の支配者による築城、土木工事、開墾による森林伐採が行われ、同時に余剰木材が商品として流通するようになりました。室町時代には木材需要の高まりと流通制度の確立が進み、天竜、吉野では伐採した後に人工造林をする、という保続的林業サイクルが始まることになりました。しかし室町時代後期は戦国時代、戦のための様々な資材として森林資源が用いられ、森林は荒廃していきます。

江戸時代の森林利用

江戸時代になって平和が訪れても、すぐに森林への伐採圧力が低下した訳ではなく、江戸時代初期には、全国的な規模で戦乱の復興、城下町造営が行われました。木曽や秋田地方にまで大規模な森林伐採が及び、一説には8割の森林が荒廃したといわれています。これらの用材調達に商人資本が投入された結果、海上交通の発達と木材市場の形成が促されることになり、森林そのものも商人によって売買されるようになります。その結果、産業としての林業が成立し、同時に森林伐採への圧力は一時的なものではなく、継続するようになったと考えられます。森林荒廃と伐採圧力への対応は、植林の奨励政策につながり、天然林からの「収奪林業」から、人工林を中心とした「保続林業」への一大転換を促すことになります。この政策が有効であったことは、鎖国という資源の限られた経済状況の中で、江戸初期に荒廃した森林が、江戸末期にはそれ以前の蓄積を回復したことが物語っています。

3.2　明治から戦中の森林

森林荒廃と水害

江戸初期に起こった木材需要の急激な増加と森林荒廃は、明治維新でも繰り返されることになります。明治維新による近代化にともなう木材需要の増加と同時に、それまで厳しい伐採規制を行ってきた幕藩体制が崩壊して森林政策の空白期が生じ、各地で林地の乱売、大規模な乱伐が行われました。近代化と利用可能樹種の多様化、輸出用陶磁器の増産などによって、それまで伐採できなかった奥山までもが伐採の対象となり、日本の森林はかつてないほど荒廃したといわれています。一説には１９００（明治33）年の荒れ地面積（芝草山など）は、国土の10・7％に当たる４１８万haであったと推定されており（『近世末の土地利用図からみた日本の環境』、有薗正一郎、歴史地理学１６７）、その結果、全国各地で洪水をはじめとする大水害が続出することとなりました。

例えば長良川の歴史年表（「ふるさと岐阜の歴史をさぐる」No.30・No.31資料）によると、この時期、死者が記録されている水害だけで、１８８１（明治14）年42人、１８８４（明治17）年９人、１８８５（明治18）年６人、１８８８（明治21）年53人、１８９３（明治26）年81人、１８９５

（明治28）年16人、1896（明治29）年7月49人、同9月158人など、数年に一度多くの死者が出るような規模の洪水が起こっています。この他、和歌山県内だけで死者1247人に上った1889（明治22）年のいわゆる十津川大水害など、地域によっては毎年のように水害が発生しました。特に1896（明治29）年9月の台風による水害は全国の広い範囲で大きな被害をもたらし、死者1250人、当時の金額で1・4億円に上る大災害となりました。この洪水では琵琶湖の水位が＋3・76mに達し、琵琶湖周辺の水田がすべて水没したと記録されています。

こうした状況を受け、1896（明治29）、1897（明治30）年には森林法、河川法、砂防法のいわゆる治水三法が整備されました。森林法により、荒廃した森林へ針葉樹、特にスギの植林が進み、昭和初期には人工林面積は470万haに急増しました。日本の森林面積は2500万ha、現在の人工林面積は約1000万haですから、森林の5分の1近くがハゲ山に近い状態となっていたと推定され、また現在の人工林の半分がすでにこの頃に植林されたものであることがわかります。

木材利用と治水とのバランス

このように明治初期には近代化による木材資源の枯渇と、治水とのバランスをいかに取るかが大変重要な問題でした。しかし、用材生産における国産材資源の欠乏が危機感を持って語られたのは明治20年代までで、それ以降は国産木材資源の枯渇に関しては楽観視されていたようです。むしろ、１９０７（明治40）年に開始された民有林に対する植林助成事業によりスギ、ヒノキ植林地が急激に増加し、生産過剰による材価下落が危惧されていたほどです。こうした木材資源情勢の変化の背景には、日清戦争、日露戦争による海外植民地の獲得による資源確保があったと考えられます。実際、日露開戦のきっかけの１つとして、満州の面積２０００万ha以上、蓄積１２０億石（＝33・4億㎥）と見積もられていた豊富な森林資源の獲得競争があったといわれています。

木材増産へ

治水を目的とした拡大造林ブームは大正に入ってからも続きましたが、１９２０（大正９）年のアメリカからの輸入木材の関税撤廃を契機に、米材（オールドグロス：原生林の大径材）の輸入量が急増したことから国内林業が不振に陥り、国内林業保護派と外材輸入容認派との間で大論争が起こりました。外材輸入容認派の論拠は、米国および世界の天然林資源の枯渇は20～40年後に迫っているため、現段階では日本の森林資源の充実を図るのが得策、というものでした（実際には大径のオールドグロスは近年まで輸入されています）。昭和に入ると第一次世界大戦後の経済成長で木材が不足し始め、植林奨励事業は治山ではなく木材増産を主目的とするものに変化していきます。

１９３６（昭和11）年のオーストラリア産羊毛の輸入ストップを契機として、１９３８（昭和13）年に繊維、製紙用パルプの自給自足を目標とした「パルプ増産五カ年計画」が策定されます。この計画では、綿花や羊毛、パルプの輸入制限に対応するべく、83万㎥の「森林増伐」が含められていました。１９３０（昭和５）年当時の日本の輸入資源の輸入先をみると、綿花の90％がアメリカとイギリス（インド）、石油製品の55％がアメリカ、鉄鋼の45％がアメリカとイギリスでしたから、日中戦争が英米を相手にした太平洋戦争に発展すると、もっと大変な状況に陥ったことは容易に想像できます。１９３９（昭和14）年にはアメリカから日米通商航海条約の破棄を通告され、アメリカから輸入していた様々な物品の輸入がストップします。

これらの流れを受け、パルプ増産とともに、ガソリンの代替燃料として木炭利用、鉄の代替材料として木材利用が掲げられ、間伐促進と林道開設による大量の木材増産が計画されました。

民有林に対しては森林計画制度が導入され、間伐材搬出簡易林道および針葉樹の再造林が補助事業の対象となります。またその実行のために森林組合の設立と森林所有者の加入が義務づけられます。さらに木材統制法により、小規模な製材所が整理統合され、木材価格も公定価格で取り引きされることになりました。伐採量の割り当ても義務づけられたことから、伐採面積は１９４２（昭和17）年には77万haに達し、植栽面積を大幅に上回ることになりました。終戦間際の１９４４（昭和19）年以降は労働力不足から、造林未済地（伐採した後に植林されない土地）が急増することになります。

3.3　そして現在の森林へ

戦中、戦後の造林未済地への植林

江戸初期に起こった「戦後復興による木材伐採」は、ここでも起こります。終戦後も復興のための森林伐採が続き、１９４９（昭和24）年の時点で造林未済地は１５０万haに達しました。さらにこの時期、大台風が相次いで襲来します。終戦直後の９月には枕崎台風により３７５６人の死者が出たほか、１９４７（昭和22）年のカスリーン台風、１９５０（昭和50）年のジェーン台風など、1951(昭和26)年までに数百名の死者が出るような台風が7つも襲来し、計約9000人もの死者、行方不明者が出て、各地で土砂災害も頻発しました。

こうした状況を受け、1950(昭和25)年には造林臨時措置法が制定され、森林所有者に造林義務が課されます。この頃の造林事業は国土保全の目的のほか、旧植民地からの引き揚げ者などの失業者対策の公共事業として実施されています。1954(昭和29)年には造林面積が年間43・3万haと過去最高を記録し、1956(昭和31)年には戦中、戦後の造林未済地への植林は完了しました。

拡大造林政策

しかし経済復興が顕著になるにつれて木材需要も増加し、労働力不足と賃金高騰が問題化していきます。1960(昭和35)年には木材価格が急騰し、木材増産への世論が沸騰、新聞各紙もさらなる奥地の天然林への拡大造林や伐採量の増加を求める社説を掲載しています。こうした経済的、社会的背景を元に拡大造林政策が進められ、1961(昭和36)年には造林面積が年間41・5万haと戦後2度目のピークに達しました(国有林の職員数は1964(昭和39)年に最高の8・9万人:2008(平成20)年は4877人)。この拡大造林は1960年代後半(昭和

40年代初頭）まで継続されますが、造林地の奥地化と賃金高騰により徐々に減少していきます。こうした中、1967（昭和42）年には国内木材生産量が5200万㎥となり、戦後最高を記録しました。

日本林業の大転換期

1970年頃（昭和40年代半ば）には、日本の林業は大きな転換期を迎えることになります。高度経済成長により円ドルの変動相場制が導入され、外材の輸入が大幅に増加、木材自給率は50％を下回ることになりました。また同時に公害問題が顕在化し、森林の公益的機能に対する関心の高まりとともに、国内の森林に対する木材生産への期待は、急速に薄れていきます。1973（昭和48）年には木材消費量が1.2億㎥と史上最高を記録する中、国産材の生産量は下降を続けます。1980（昭和55）年には木材価格はピークを迎えますが、1985（昭和60）年のプラザ合意により円高がさらに進行して外材が増加し、国内の林業はさらに低迷することになりました。円相場を見ると、1971（昭和41）年まで1ドル360円だったものが1987（昭和62）年には1ドル122円となり、この16年間で円の価値は約3倍になったことになりますから、その分、外材が入りやすくなったといえます。

この頃すでに戦後の2度にわたる拡大造林地では間伐期を迎えていましたが、除間伐は補助事業なしには実施できない状況に陥っていました。その後も林業不況のなかで、国民の森林に対する要請の多様化が進み、国の政策も木材生産ではなく多面的機能の発揮に重点が置かれるようになっていきます。２００１（平成13）年には、こうした政策の変化に合わせて、森林法も改正されました。この間、戦後の拡大造林地についての対策は、除間伐の補助事業対象林齢が１９７９（昭和54）年に25年生、１９９０（平成２）年に30年生、１９９６（平成８）年に35年生、２００１（平成13）年に45年生（特例）までと、造林地の成長に合わせて引き上げられた程度で、根本的な産業構造の改革については、長伐期化、複相林化など、産業戦略として具体性を欠いた方向性を打ち出すに留まっていました。

3.4　近年の動向

木材輸出の急増

一方、近年では戦後の拡大造林地の植栽木が成長し、間伐遅れ林分が目を引くようになったこと、また地球温暖化防止における木材生産の役割に対する認識が高くなってきたこと、さら

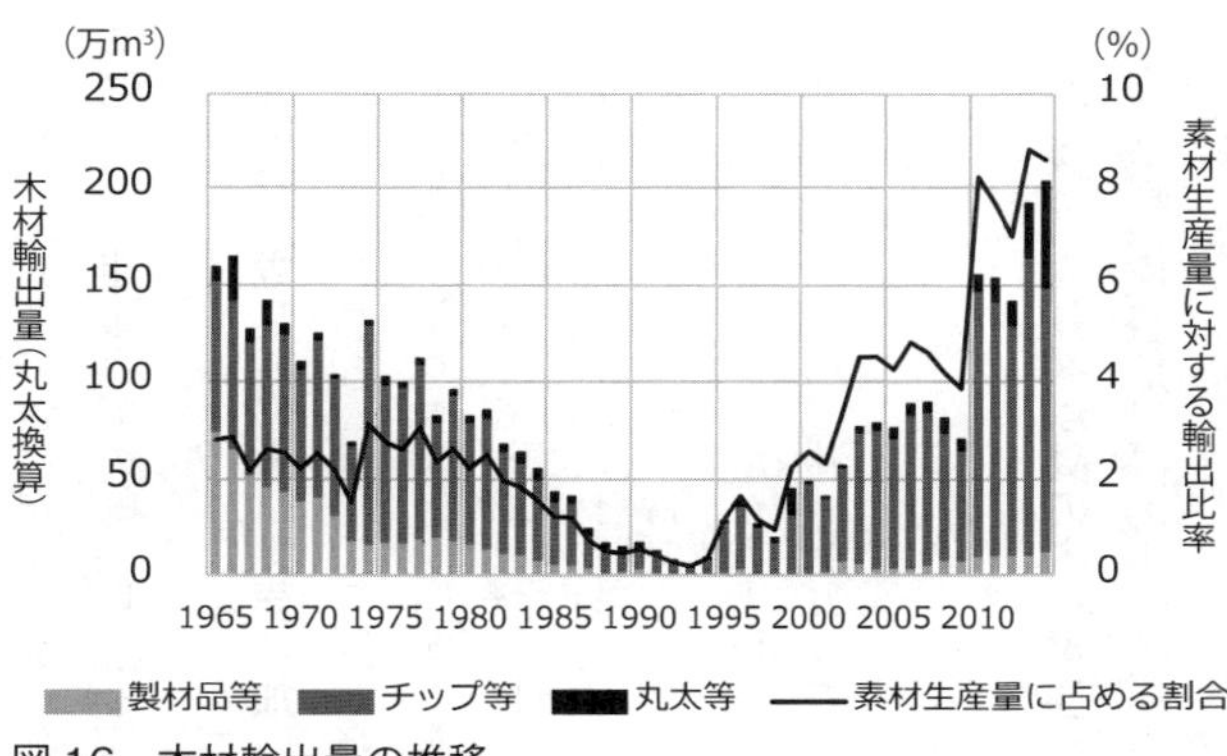

図16　木材輸出量の推移

に近年の高密度路網の作設と高性能林業機械を基盤とした低コスト森林生産システムが広まってきたことから、人工林の取り扱いに対する関心も高まりつつあります。

さらに東アジアへの木材の輸出も急増しており、1993（平成5）年には5万㎥だった丸太や製材品の輸出量が、2014（平成26）年には203万㎥にまで伸びています。これは国内の素材生産量の8・6％に相当する量で、日本の森林にとって輸出は重要な需要先の1つとなりつつあります（図16）。なお、1960年代にも150万㎥以上の輸出がありましたが、この頃は製材品の輸出が多かったのに対し、近年は丸太等の原料やチップなど半製品での輸出が伸びていることが特徴です。世界的には付加価値の高い製品や半製品での交易が主流となっているため、丸太での貿易が重宝されているという背景がありそうですが、国内で付加価値を付ける製材品や半製品での輸出増加を図りたいところです。

高度経済成長期の木材需要増加

図17は1955（昭和30）年から2014（平成26）年までの日本の木材供給量の推移を示しています。1955（昭和30）年には木材需要量4528万㎥、自給率94・5％と、ほぼ国産材で需要を賄っていました。しかし高度経済成長期に、木材需要は1万1758万㎥にまで約2・6倍に増加し、これに対応するために外材が積極的に輸入されることとなり、1973（昭和48）年には自給率が35・9％にまで低下しました。先に外材が入りやすくなって国産材を圧迫した、と書きましたが、木材需要の増加への対応のために外材が使われた、と考えることもできます。つまり、外材が入ってこなければ、日本の森林は再び乱伐によって荒廃していたかもしれません。

高度経済成長期以降の木材需要減少

高度経済成長期以降の木材需要は、1980年代前半（昭和50年代後半）に一時的に減少し

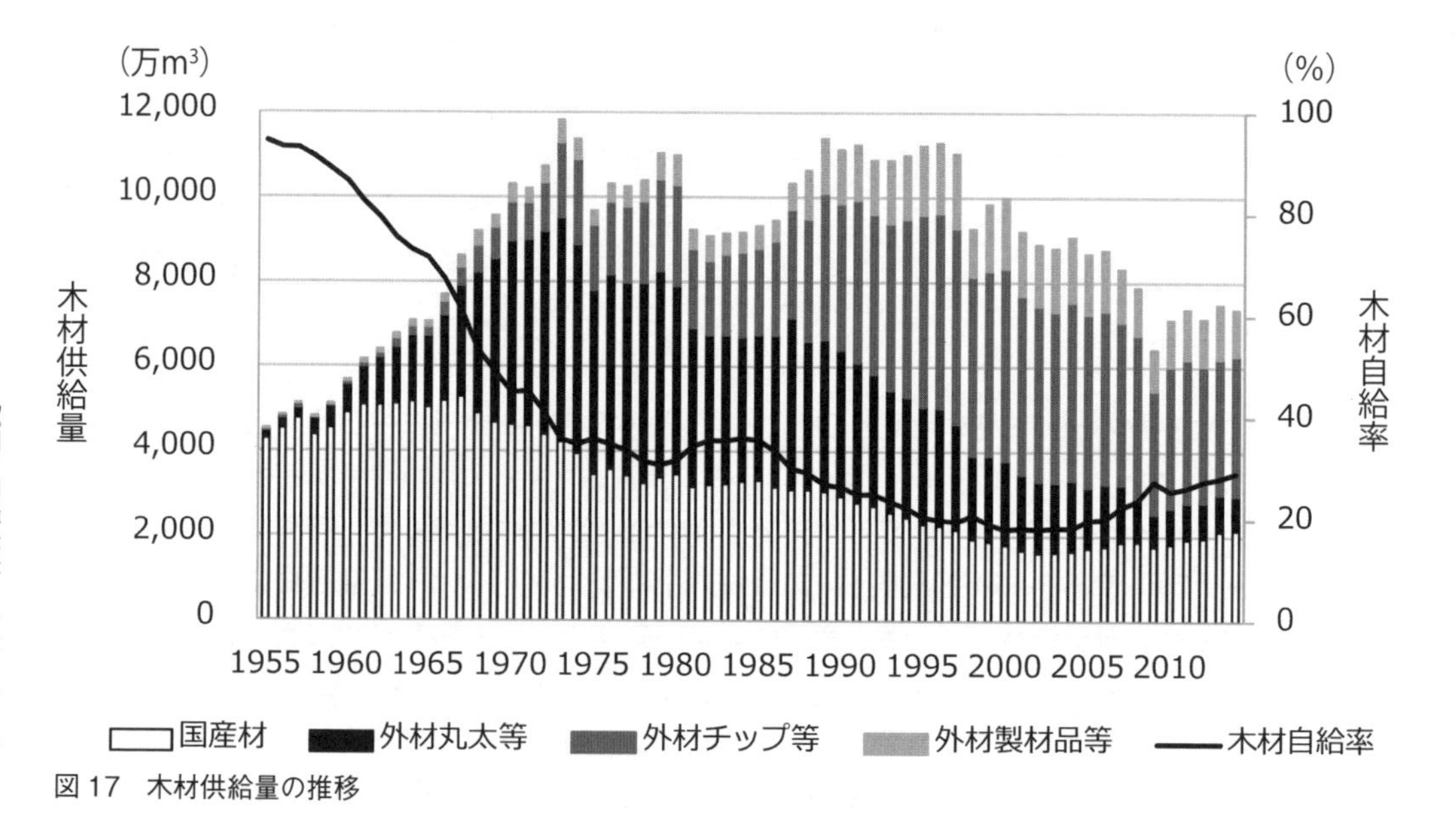

図 17　木材供給量の推移

ますが、1980年代後半（昭和60年代から平成9年頃まで）は1億㎥を超える高水準で推移します。これ以降の木材需要は減少し、2008（平成20）年のリーマンショックの影響を受けた2009（平成21）年には6321万㎥にまで減少しました。2014（平成26）年は7254万㎥に回復していますが、これは1965（昭和40）年頃と同水準となっています。

また外材の種類の傾向として、1980年代までは丸太輸入が多くを占めていたのに対し、1990年代以降はチップ等の半製品や製材品が増加していることがわかります。特に近年は、丸太の輸入量が激減し、2014（平成26）年には826万㎥と、1973（昭和48）年の5295万㎥の6分の1以下となっています。これは国内の製材業界が大きな影響を受けていることを示しています。

現在の林業は住宅産業に依存

一方、国産材の生産量は2002（平成14）年の1608万㎥で底を打ち、自給率も大きく回復しています。しかしこの自給率の回復は国内での木材需要が減少していることが主要因であり、国内でも木材生産量が大きく増えているわけではないことは、第1章で述べたとおりです。それでは、なぜ木材需要がこのように減ったのでしょうか？

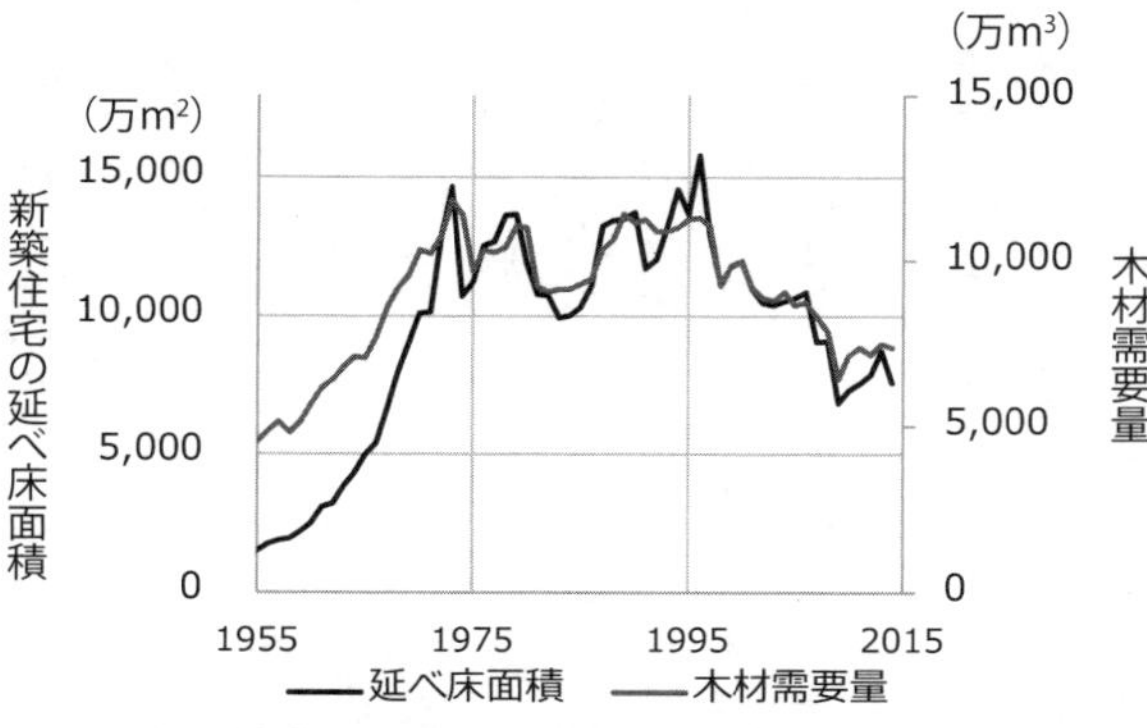

図 18　新築住宅の延べ床面積と木材需要量

図18は木材需要量のグラフに、国土交通省集計の新築住宅の延べ床面積を重ねて示したものです。１９７０（昭和45）年頃までは両者は大きく離れていますが、それ以降は非常に高い相関を示していることがわかります。すなわち、現在の林業は住宅産業に依存したものとなっており、住宅着工数が増加すれば木材需要も増え、減少すれば林業も材の出し先を失う、という構造になっています。

しかしグラフからわかるとおり、高度経済成長以前はそうではありませんでした。木材は住宅以外にも様々な用途に使われており、例えば酒や醤油用の樽、足場丸太や足場板、電柱、下駄、船などです。これらはすでにコンクリートや金属、プラスチックなどで作られるようになり、木材は主に住宅用材への依存度を高めることとなったといえます。

3.5　歴史の総括

治水が土台に

以上、かなり大ざっぱではありますが、日本における森林管理と林業の歴史を振り返りました。日本ではつい近年まで、仏教伝来や遷都、戦乱および復興など、大きな「公共事業」の度に森林の荒廃と災害、復旧造林が繰り返されてきました。水源・治水における森林の重要性は古くから認識されており、平安時代以降は、戦乱・戦時期を除いて、日本の森林管理の目的の第一は治水であり、伐採利用はその前提のもとで成立するものだったといえるでしょう。江戸初期、明治後半、昭和20年代に行われた大造林事業は、あくまで治水のための復旧造林の性格を持つもので、復旧造林地のうち、水運が良かったり特殊な用途に対する市場があった地域で林業地が形成され、何代にもわたる人工造林が継続するようになったものと考えられます。

新結合の遂行（イノベーション）と林業の成立

復旧ではなく、本格的に木材増産を目指した造林事業は昭和30年代後半から行われた拡大造林が唯一の例といってよく、これらの多くの地域では、産出される木材の市場がまだ形成されていないのは当然といえます。過去の例からいえば、植栽された人工林のうち、市場を獲得する努力を行い、その品質が認められるような地域でのみ、継続的に木材生産が可能となる、すなわち「新結合の遂行（イノベーション）」に成功した地域で、新たな林業地が成立すると考えることができるでしょう。

再度、過去の例を振り返ると、昔の林業地は、それぞれの生産目標が明確でした。例えば吉野林業は、酒や醤油用の樽材、いわゆる樽丸の生産に始まり、天井板などの内装材へと展開していきました。天竜林業は江戸を市場として、柿板（こけらいた：長屋の屋根用材）の産地でした。また北山林業は水運が悪い代わりに京の都へ担いで運べる茶室用の磨き丸太生産、飫肥林業は船用の弁甲材生産など、明確な生産目標と市場の元に成り立っていたといえます。

これら市場と結びつき、山での林木の手入れ方法、すなわち施業体系も、各林業地で異なっていました。吉野では水の漏れない良質の樽の材料とするため、ha当たり1万本を超える密度で植栽され、高頻度に間伐を行うことによって年輪幅をコントロールし、十分な大きさまで育てる密植多間伐長伐期施業が成立します。一方、飫肥では船用に軽く大きな材を生産するため、ha当たり７５０本程度に疎植して成長の良い木を残す間伐によって大径材を生産する施業体系が成立します。その他、足場丸太や旗竿の生産を目指す地域では短伐期施業が行われるなど、地域の特性に応じた多様な林業が行われていたのです。
　伝統的な木材の用途の多くはコンクリートや金属、プラスチックなどに置き換わり、林業は住宅用材に依存するようになりました。拡大造林期の人工林の多くは、住宅用柱材の生産を主目的としていたため、その施業体系は地域によらず、非常に似通ったものとなっています。施業体系が似ているということは、生産される材の性質も似ているということですから、市場の獲得競争は激しくなる、ということです。この「イノベーション」の方向性に関しては、第5章以降で議論していきたいと思います。

　以上のように、木材増産を目的に、昭和30～40年代に植栽された人工林資源が成熟してきたにもかかわらず、日本社会の産業構造が大きく変化したことから林業の採算性が悪化し、森林所有者は所有林の管理を放棄してしまうことが多くなってしまいました。その結果、間伐などの手入れが十分に行われない人工林が多く見られるようになり、過密になった人工林の暗い林内から土壌が流出し、また産業を失った山村からの人口流出が問題となっています。これらの問題に対処するために、林業の構造を大きく変革する「新生産システム事業」や「森林・林業再生プラン」に関連する事業など、様々な取り組みが開始されてはいますが、しかしこれらは依然として「拡大造林期に植栽された膨大な人工林資源の間伐遅れ問題を処理するための事業」という側面があり、これから人類が迎えようとする未知の将来社会に、積極的に対応するものではありません。森づくりには長い期間が必要ですが、未来社会ではどのような森林や森林管理、林業、木材生産が求められるのか、その全体像とそこに至る道筋は明確になっていないのです。

実際に、木材生産の低コスト化を求めるあまり、大規模に人工林を皆伐して、その後に植栽されない「天然更新」という名の「皆伐跡放棄地」が、全国で広がっています。シカの食害対策やコスト、木材価格の問題などで、再造林は大変難しい状況になっていますが、そのような皆伐跡放棄地に成立する森林が、未来社会で本当に必要とされる森林なのか、改めて考えてみる必要があります。

第4章

生態系サービスと将来社会における林業の存在意義

前章では歴史を振り返り、日本での森林管理の基本が治水にあること、現在ある豊富な人工林資源を活かすためには、市場開拓などの新たなイノベーションが必要とされていることを述べましたが、いざ、現在ある人工林資源を伐採して新植することを考えると、まだまだ大きな問題が残されています。つまり、これから植える木の収穫は数十年先であり、その時代にあった市場を想定して生産目標を立てる必要があるということです。次世代の木が収穫される時代には、どのような社会があり、どのような市場が想定されるでしょうか？　そこで本章では、未来社会での木材資源の利用の意義と、これからの木材利用がどのような形になるかについて考えてみたいと思います。

4.1　生態系サービスという概念

生態系サービス

地球上には、環境の差異に応じて様々な生態系があり、さらにそれらは複雑に関係し合いながら絶妙なバランスで成り立っています。人間はそれらの生態系から生み出される様々な利益を享受し、長期間にわたって発展を遂げてきました。しかし近年、あまりに急激に発達した人

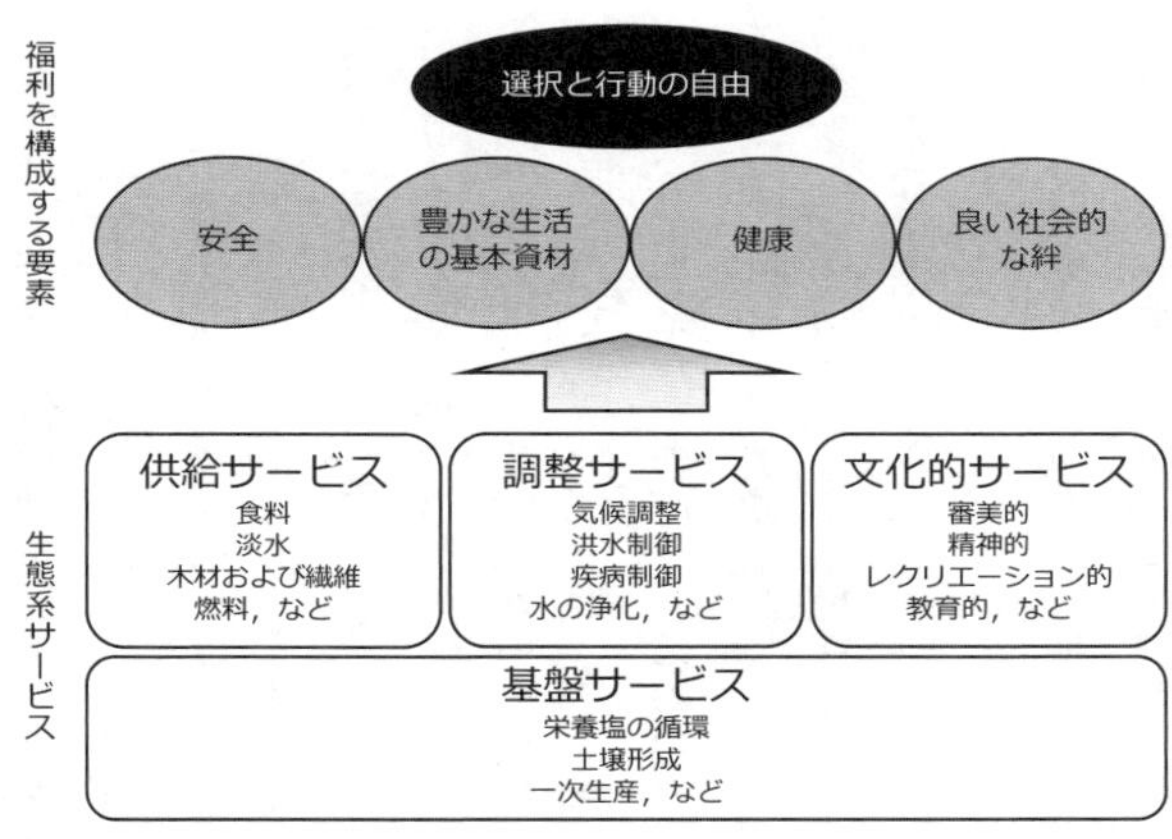

図19　生態系サービス

間活動と人口の増加が、こうした生態系の働きに大きな影響を与え、人間が生態系から安定した利益が得られなくなる危険性が大きくなっています。現在では、これらは「環境問題」という人類の存続のための緊急に解決すべき重大な問題と認識されるようになりました。

生態系から人類が享受している利益は、「生態系サービス」と呼ばれています（図19）。「サービス」というと、レストランやお店での店員さんのサービスなどをイメージしますが、生態系サービスの概念も同じです。つまり、人間社会の構成員である我々は、生態系が健康であれば、様々なサービスを受けられる、という考え方です。「自然の恵み」と考えればわかりやすいでしょう。

基盤サービス、供給サービス、調整サービス、文化的サービス

生態系サービスは4つに分類され、まず土壌形成や維持など、生態系の基本機能の存続そのものを表す「基盤サービス（Supporting Services）」、そしてその基盤の上に成立する生態系から得られる「供給サービス（Providing Services）」、「調整サービス（Regulating Services）」、「文化的サービス（Cultural Services）」です。基盤サービスは直接的に人間社会に影響するものではありませんが、他の3つのサービスは直接的に人間社会と関わりを持っています。

供給サービスは、生態系がその循環の中で生産する物質を、食料や材料、さらには将来の遺伝子資源として直接的に供給してくれる機能を表します。調整サービスはやや間接的にはなりますが、生態系がそのバランスの中で環境の変動を緩和する機能、例えば気候調整や洪水制御などを表します。また文化的サービスはより精神的なもので、地域固有の文化や信仰、レクリエーションの機会を与える機能を表します。そして人間は、それぞれのサービスから、「安全」「豊かな生活」「健康」「良い社会的絆」を享受し、「選択と行動の自由」が保証されることになります。

例えば、環境破壊が進み、生態系がうまく回らなくなった状況を考えてみましょう。江戸時代初期、明治時代初期のように日本の森林の多くがハゲ山になったとしたら、山の土壌は雨滴

によって浸食され、流出します（基盤サービスの低下）。その結果、使える木材や山菜は少なくなるでしょう（供給サービスの低下）。また洪水も頻発し疫病がはやるかもしれません（調整サービスの低下）。さらに、日本の豊かな四季が感じられなくなり、自然にインスピレーションを受けた想像力豊かな文学作品も生まれないでしょう（文化的サービスの低下）。結果として人間の暮らしは安全でなくなり、豊かな資材にも恵まれず、不健康で不安定な社会になり、行動の自由が阻害されることになります。

4.2　国民の意識の変化

木材生産機能への期待の変化

日本において森林は、人間にとって最も身近な生態系の１つであり、人々は古くからその「森林生態系サービス」を享受してきました。これらは林業という産業として直接的に金銭的価値として評価できる「木材生産機能」のほか、金銭では評価しにくい土砂災害防止や水源涵養、大気浄化、保健休養などの「公益的機能」として理解されています。

図20は、１９８０（昭和55）年から２０１１（平成23）年にかけて行われてきた「森林に期

	昭和55年 1980	昭和61年 1986	平成5年 1993	平成11年 1999	平成19年 2007	平成23年 2011
1	災害防止 61.5	災害防止 70.1	災害防止 64.5	災害防止 56.3	温暖化防止 54.2	災害防止 48.3
2	木材生産 55.1	水源涵養 49.0	水源涵養 59.0	水源涵養 41.1	災害防止 48.5	温暖化防止 45.3
3	水源涵養 51.4	大気浄化・騒音緩和 36.6	野生生物保護 45.4	温暖化防止 39.1	水源涵養 43.8	水源涵養 40.9
4	大気浄化・騒音緩和 37.3	木材生産 33.1	大気浄化・騒音緩和 37.9	大気浄化・騒音緩和 29.9	大気浄化・騒音緩和 38.8	大気浄化・騒音緩和 37.3
5	保健休養 27.2	保健休養 25.4	木材生産 27.2	野生生物保護 25.5	保健休養 31.8	保健休養 27.7
6	林産物生産 18.4	野外教育 20.8	野外教育 14.0	野外教育 23.9	野生生物保護 22.1	木材生産 23.6
7		林産物生産 12.3	保健休養 13.6	保健休養 15.5	野外教育 18.0	野生生物保護 20.8
8			林産物生産 9.7	林産物生産 14.6	木材生産 14.6	野外教育 19.3
9				木材生産 12.9	林産物生産 10.6	林産物生産 12.6

1980(昭和55)年：森林・林業に関する世論調査，1986(昭和61)年：みどりと木に関する世論調査，1993(平成5)年：森林とみどりに関する世論調査
1999(平成11)年：森林と生活に関する世論調査，2007(平成19)年：森林と生活に関する世論調査(項目名を統一)
2011(平成23)年：森林と生活に関する世論調査(項目名を統一)

図20　森林に期待する機能に関する意識調査

待する機能に関する意識調査」の変遷を示しています。この調査は、全国の20歳以上の男女3000人を対象に、森林に期待する働き、上位3つを挙げてもらう形で行われています。森林の基盤サービスや調整サービスに関係の深い災害防止機能、水源涵養機能、大気浄化・騒音緩和機能などは常に上位にあり、近年ではあらたに地球温暖化防止への期待が高まっていることがわかります。

ここで注目していただきたいのが、水資源とならんで森林の重要な供給サービスの1つである木材生産機能への期待の変化です。1980（昭和55）年には55・1％であったものが、33・1％、27・2％と低下し、1999（平成11）年には12・9％と最下位となっています。2007（平成19）年には14・9％、2011（平成23）年には23・6％にまで回復しますが、依然として各種の森林生態系サービスの中でも、木材生産機能に対する期待は低いものとなっています。

森林は日本人をはじめ、世界中の多くの地域で文化を育み、人間にとってなくてはならない存在であり続けてきました。多くの環境問題が地球規模、地域規模で奔出し、これまでの社会システムの変革を迫られている中、我々は森林からどのようなサービスを得られるような未来社会を構築していくべきなのでしょうか?

4.3　持続可能性と循環型社会

持続可能性維持のための3原則

1972（昭和47）年、世界的に環境問題が意識され始めた時期に、シンクタンクであるローマクラブが1冊の報告書を出しました。「成長の限界」と題されたこの報告書は、資源と地球の有限性に着目してシミュレーションによって地球の未来を予測したもので、全世界で大きな注目を集めました。そこでは人口増加や環境汚染により、100年以内に地球上の成長が限界点に達する、と結論づけられ、それを克服するための「持続可能性（sustainability）」という概念が提唱されました。

エコロジー経済学の創始者の1人であるハーマン・デイリーは、持続可能性を維持するために、下記の3原則を提唱しています。

・再生可能な資源（土壌、水、森林、魚類）における利用速度は、再生速度を超えるものであってはならない

・再生不可能な資源（化石燃料、高級鉱石、化石地下水〈筆者注：循環サイクルから隔絶された地下水〉）の利用速度は、再生可能な資源を持続可能なペースで利用することで代用でき

る程度を超えてはならない

・汚染物質の排出速度は、環境がそうした物質を吸収し、無害化できる速度を超えるものであってはならない

循環型社会における４つの禁則事項

また、スウェーデンの小児癌専門医であったカール・ロベールが設立した環境教育団体、ナチュラルステップでは、閉鎖された系における環境条件、すなわち「循環型社会」における４つの禁則事項を示しています。

・地殻から掘り出した物質の濃度を増やし続けること（化石燃料や重金属の継続的掘削）

・人工的に製造した物質の濃度を増やし続けること（プラスティックやダイオキシンなどの継続的生産）

・自然の循環と多様性を支える物理的基盤の破壊（森林の過伐や動植物の生育・生息地の破壊）

・人々が人間として最低限生活する条件の阻害（非効率で不公平な資源の利用）

これらの基本原則は、いずれも生物圏での物質循環に関わるものであり、これらの原則に反する資源利用は、目指すべき循環型社会の持続可能性を失わせることになります。

社会経済活動に投入された資源量

環境白書によると、２０１２（平成24）年に日本の社会経済活動に投入された資源量は16億ｔで、そのうち輸入されたものが49・８％、国内資源が34・９％、残りの15・２％は循環利用された資源です。これらの資源のうち、１・８億ｔが製品に加工されるなどして輸出され、０・９億ｔが食料消費などで消費されますが、５・３億ｔは国内に蓄積され、０・２億ｔは埋め立てなどで最終処分されています。これらの統計が示すことは、日本という小さい系で見た場合、日本には海外から大量の資源が投入され、その多くが生物圏、つまり地球表面の非常に薄っぺらい層に蓄積されてきており、その蓄積量は年々増加している、ということです。１９９０（平成2）年には、国内への蓄積量が14億ｔ、埋め立て等の最終処分量は１・１億ｔでしたので、かなり改善されてはきていますが、それでもこうした状況は、循環型社会の持続可能性を脅かすものであることは、前記の原則に照らし合わすまでもなく、自明なことでしょう。

4.4　人口問題

１人当たりエネルギー消費量

　前節のナチュラルステップによる４つの禁則事項の４番目に、「非効率で不公平な資源の分配」があります。石油資源をはじめとする天然資源は、技術革新による可採年数の延長や、より効率の高い利用方法の開発は期待されますが、無限ではありません。一方で、これまで後進国、発展途上国と呼ばれた国々で、年々生活水準が向上しているほか、世界の人口は増加の一途をたどっています。特に世界人口は現在70億人で、毎分１４０人のペースで増え続けており、２０５０（平成62）年頃には90～１００億人に達すると見込まれています。

　図21は、世界銀行が発行している世界開発指標（ＷＤＩ）のデータを元に、世界各国の１人当たりエネルギー消費量の推移を示したものです。アメリカは他の国に比べて多くのエネルギーを消費していることがわかります。実は中東の産油国などアメリカよりも多い国もありますが、人口が少ないためここでは示していません。日本は高度経済成長期にエネルギー消費が大きく伸び、現在はドイツなど他の先進国と同じレベルにあります。グラフには示していませんが、フランスやイギリスなども同じレベルであり、アメリカとともに２００５（平成17）年

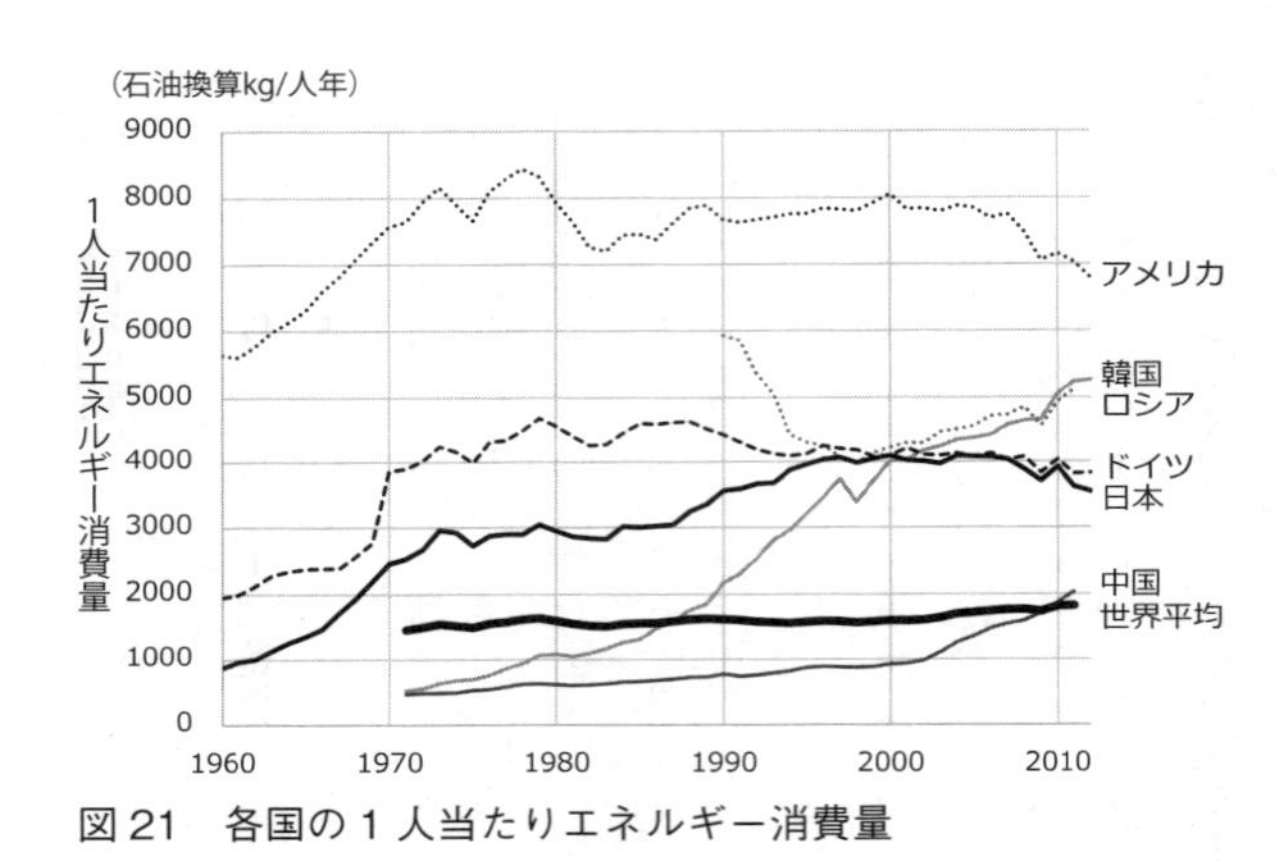

図21　各国の1人当たりエネルギー消費量

以降、消費量が減っていることが特徴です。

一方、韓国は1980年代にエネルギー消費が伸び、現在はロシアとともに他の先進国よりも高い水準にあります。また2000（平成12）年以降、急激に消費量を伸ばしているのが中国で、2010（平成22）年には世界平均を上回りました。中国は13億もの人口を抱える国ですから、世界全体のエネルギー動向に与える影響は大変大きいことが予想されます。

エネルギー消費の偏り

図22は、1980（昭和55）年と2010（平成22）年の1人当たりエネルギー消費量が多い国から順に足し合わせ、その累積エネルギー消費量比率と累積人口比率をプロットしたものです。この図はエ

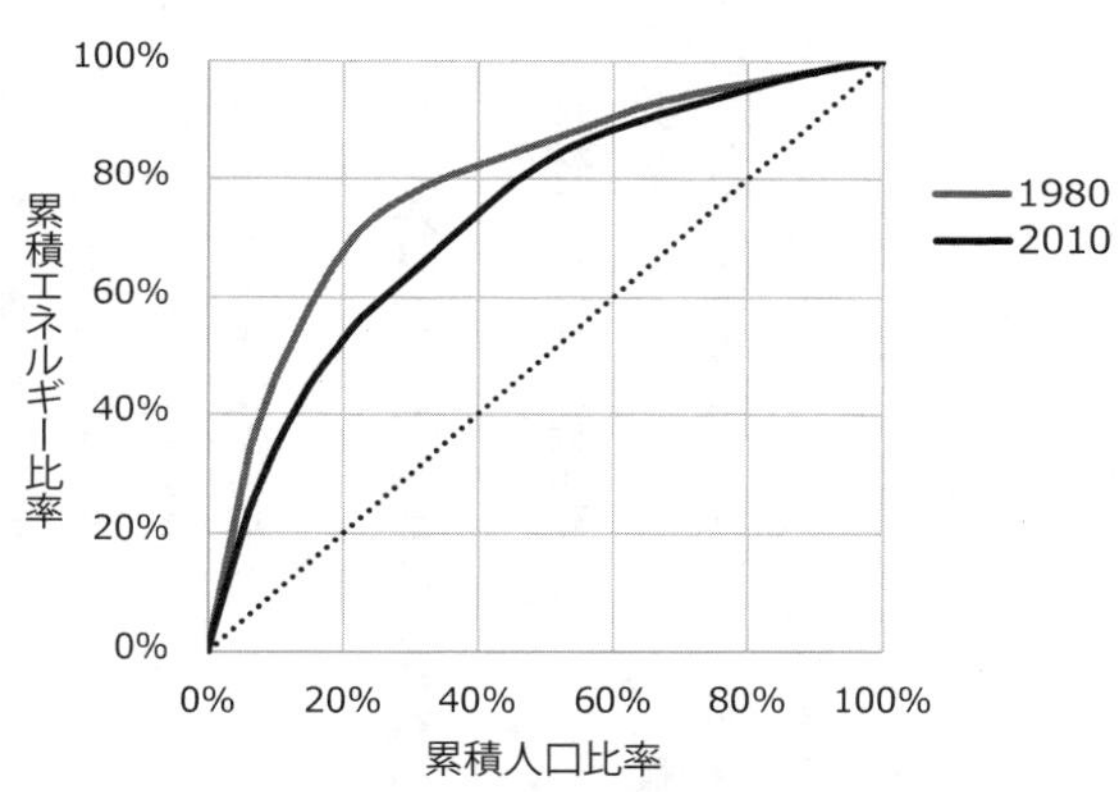

図22　１人当たりエネルギー消費量の多い国からの累積

ネルギー消費の偏りを示しており、例えば１９８０（昭和55）年の時点では、世界の20％の人々が世界全体で消費されるエネルギーのおよそ3分の2を消費していたことがわかります。あくまで国単位ですので、国の中での貧富の差などは反映されていませんが、もし仮に世界のエネルギーが各国に均等に配分されていれば、図の中の点線のように直線になるはずです。

１９８０（昭和55）年に比べて２０１０（平成22）年にはこの偏りが幾分、解消されていることがわかりますが、依然として世界の10％の人々（すなわち7億人）がおよそ3分の1のエネルギーを使用していること、世界のエネルギーの半分が18％の人々により消費されていること、世界の36％の人々（すなわち約25億人）が世界の10％のエネルギーを分け合って暮らしていること、などがわかります。増え続ける人口、向上する生活水準の中で、資源の公平な分配は可能なのでしょうか？　例えば中国とインドのエネルギー消費量が先進国なみにまで上がるとすると、仮に人口が現状維持だったとしたとしても、世界全体のエネルギー消費量は1・4倍に達します。

4.5　森林の生産力と期待される役割

森林における木材生産力

以上のように人口増加と富の再配分にしたがって、エネルギー問題や食料問題などこれからの社会の持続可能性を脅かす問題はますます深刻になっていくことが予想され、もはや森林の利用方法だけを語っても、解決する問題でもない状況にあるといえます。しかし一方で人口が100億人となった場合、単純計算で年間37億tの産業用材の需要が見込まれ、どのようにして持続的に森林からこれだけの量の木材を生産するか、そのための森林を、どのような方法で管理していくのか、というのは、緊急の課題となっています。

ここで、森林における木材生産力をあらためて考えてみます。年間の幹、枝、根、葉の成長量は、天然林では熱帯雨林で７ｔ／ha、照葉樹林で４～６ｔ／ha、落葉広葉樹林で３～６ｔ／ha、亜寒帯常緑針葉樹林で６～９ｔ／haという計測結果が報告されています。根の成長量は計測が大変なことから推定値などを含みますので曖昧ですが、おおよそ５ｔ／haが樹木の成長分になります。これに対しスギ人工林では、植栽から30～40年経過した時点で、植栽してからのトータルで年平均15～17ｔ／haと天然林に比べて大きな成長が見られます。天然林、特に広葉樹の多くの樹種では幹が通直でなく、枝分かれが多いため、用材として利用する場合は歩留まりが低くなることが多いですが、人工林の場合、最初から用材に適した樹種を植栽するため、歩留まりも高くなります。

さて、ここで人口１００億人となった場合に見込まれる37億ｔの用材の供給について考えてみましょう。この供給を天然林だけに頼る場合、利用可能な成長量が年間２ｔ／haだとすると、世界の半分以上の天然林で収穫が必要となります。一方、利用可能な成長量が年10ｔ／haの人工林が４億haあれば、他の30億haは基本的に保護林として扱うことが可能となります。かなりおおざっぱな試算ではありますが、人工林と天然林のうまい使い分けが非常に重要となることがわかります。ただしこの試算は用材のみですので、エネルギー需要を木材資源で賄おうとすれば、より多くの木材資源が必要です。当然、木材資源だけでは賄えませんから、水力や太陽光、地熱などの他のエネルギーとの共存が必須となります。

林業は太陽エネルギーを物質に変える変換システム

図23は、スウェーデンのある林業会社の1ha当たりのエネルギーフローです（『森林生産のオペレーショナル・エフィシエンシー——理論と実践』U・スンドベリ・C・R・シルヴァーサイズ（著）、神﨑康一・沼田邦彦・鈴木保志（訳）、p34、海青社）。この会社では、林業機械の燃料や労働力などに1ha当たり0・66GJのエネルギーを投入していますが、そこから生産される木材は14GJのエネルギーを有しており、さらに5GJが森林内に蓄積されています。1のエネルギーを投入することによって20のエネルギーを得る、とまるで手品のようですが、よく見ると、左下から30TJ（＝3万GJ）もの太陽エネルギーが投入されています。これは人間が能動的に投入するエネルギーではなく、森林の木々が太陽の光を浴びて光合成を行い、自然と蓄えるエネルギーです。森林は人間にとって、もっとも質の高い供給サービスを提供してくれる生態系であり、林業はそれを人間社会に還元するポンプ、あるいは太陽エネルギーから木材という物質への変換器の役割を果たしているといえるでしょう。

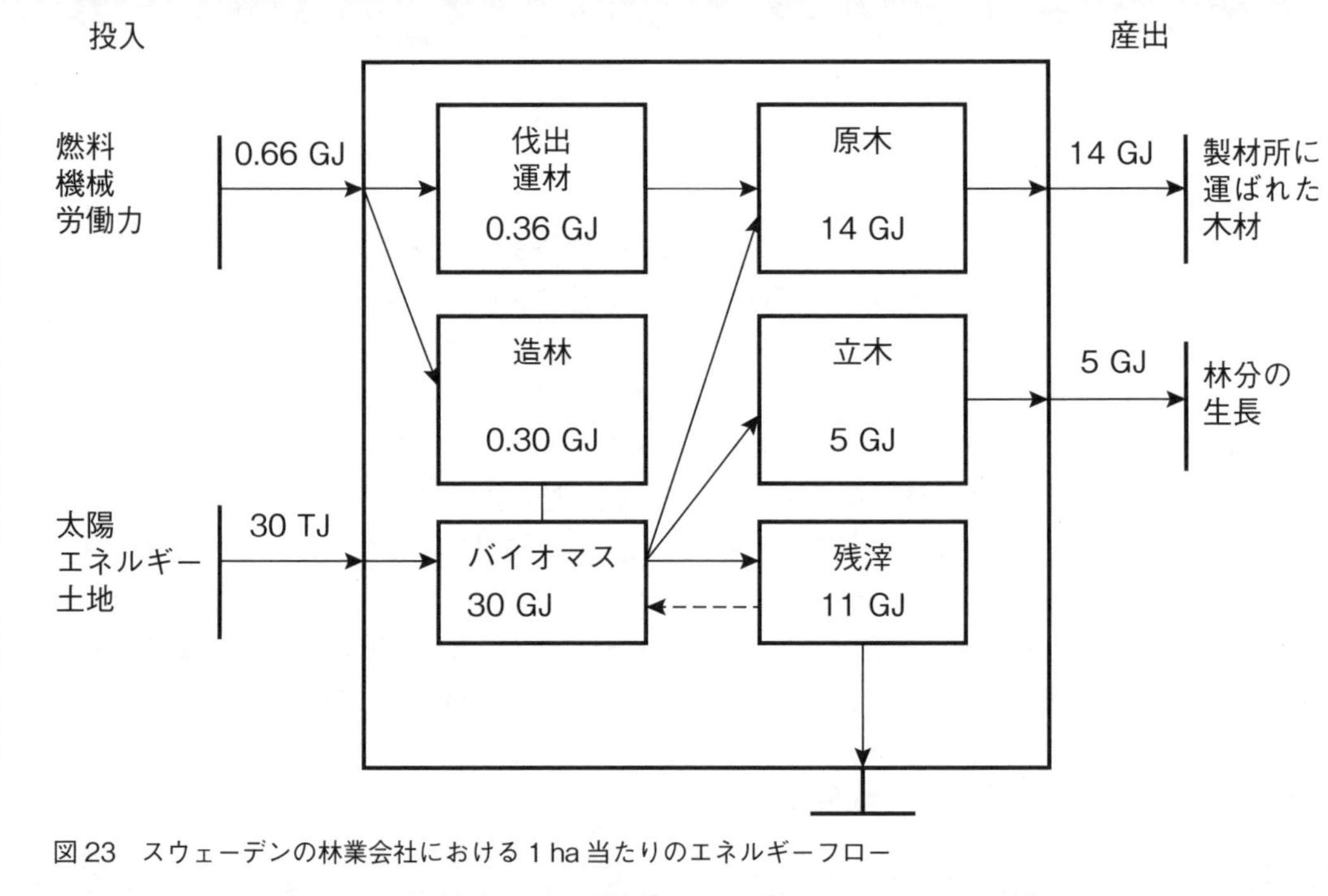

図23　スウェーデンの林業会社における1ha当たりのエネルギーフロー

以上、見てきたように、未来社会における持続的な循環型社会では、枯渇するかしないかという議論ではなく、化石燃料などの地下資源に頼り続けない方法の確立が議論の主題になります。また人口増加によってエネルギーや材料などの資源が逼迫していきますので、再生産可能な木材資源は、材料資源としてもエネルギー資源としても積極的な活用が期待されることでしょう。

すなわち未来社会において木材は、住宅だけでなく、様々な材料やエネルギー資源として利用されることが予想されます。近くから掘り出した鉱物資源の廃棄物、すなわちCO_2や最終的に埋め立てられる残渣は、それを地殻に戻すような技術も発達していく可能性がありますが、北欧の林業会社のエネルギーフローで示されたように、森林は特に人間が大きなエネルギーを掛けなくても太陽エネルギーを利用して自然に成長する、という特質を持っています。こうした自然の恵みを供給サービスとして享受し、様々な場面で木材が使用される社会が到来しなければ、人類そのものの存続すら危ぶまれる状況であるといえるでしょう。

第5章

日本林業の
イノベーションの方向性

第3章と第4章で議論してきた森林管理の歴史と未来像から、これからの日本林業のイノベーションの方向性が徐々に浮かび上がってきたかと思います。つまり、森林が有する治水をはじめとする公益的機能を維持しながら、供給サービスとしての木材生産も積極的に活用する未来の姿です。このような姿はずっと以前から日本で成立してきたシステムであり、当たり前のことのように思えますが、いざ現在の社会環境下で実行しようとすると、様々な問題の障害にぶつかり、また具体的な社会像自体も明確なものではありません。そこで本章ではまず海外の「林業先進国」でどのような森林管理が行われているのかについて考え、そこから日本でのイノベーションの方向性について議論をしてみたいと思います。

5.1　ヨーロッパから学ぶ

ドイツの林業

近年、日本林業のお手本となる、とされているのがヨーロッパの林業です。特にドイツは、日本の人工林面積とほぼ同じ1074万haの森林を有し、1990（平成2）年頃までは製材用・合板用丸太の生産量は日本とほぼ同じであったことから、ドイツからフォレスターを招いて森林管理に関するアドバイスを受けるなどの事業が多く実施されています。オーストリアを含め、ヨーロッパ林業の視察報告は様々な方々がされていますが、以下では少し古くはなりますが、２０１０（平成22）年に私が南ドイツとスイスを訪問した際に見た事例紹介を交え、改めてイノベーションの方向性から見たヨーロッパ林業の動向をまとめてみたいと思います。

近自然的林業を指向

先述のとおり、１９９０（平成２）年頃にはドイツと日本における素材生産量はほぼ同じでした。しかしその後10年間で日本の生産量は3分の2、ドイツの生産量は1・5倍になり、およそ倍の差がついてしまいました。ドイツで環境をあまり重視しない効率的な林業が行われるようになった訳ではなく、逆に近年のドイツは近自然的林業を指向しており、森林はどんどん豊かになっています。

以前のドイツ林業は、ドイツトウヒなど単一樹種の針葉樹を密植または天然更新させて育てる樹齢が均一な一斉人工林が主体でした。しかし単層林は病虫害や気象害に弱く、実際に度重なる風害によって大きな被害を受けてきました。そこで近年はその地域に生育する様々な種類の広葉樹を天然更新または植栽によって育てる、いわゆる「近自然的林業」という考え方が広がっています（図24）。広葉樹は曲がりやすく、また太い枝も出やすいため、材として利用するためには、高い育林技術が必要となりますが、ドイツでは２００年にわたる林学の歴史があり、風土に合った森林管理技術が発展しています。

日本と同様、シカなど野生動物の森林管理への影響も大きく、天然更新時の稚樹や人工植栽木への被害も多いですが、狩猟が盛んであり、野生生物保護と森林管理の共存が成立しています。フランクフルトのあるヘッセン州の州有林では、以前はシカ防除のために新植地にシカ柵を張り巡らせていたそうですが、現在では単木防除が一般的で、下刈りも省略するそうです（図25）。

森林との物理的、心理的距離が近い

一般市民の森林との物理的、心理的距離が近いのも特徴で、木材生産の残材は地域住民の入札に掛けられ、薪材として利用されることがあります。図26は落札した地域住民が、家族連れでピクニックがてら、薪を取りに来た様子です。この方はタイヤ屋さんだそうで、業務用トラックで乗り付けていました。チェーンソーやチャップスなどの防護具も自前で用意されていました。

林業用林道はリクリエーションにも利用されます。図27は木材生産をしている民有林での光

図 24　トウヒの一斉人工林とブナを主体にした天然更新林

図 25　シカ害の単木防除が行われている風倒木跡地のダグラスファー・ブナ・カエデの混植地

図26　林地残材を薪にする地域住民

景ですが、林内の滝のそばにはベンチが置いてあり、カップルの散歩コースとなっています。

もう1つ印象的だったのが、ドイツでは大きな街の周辺に村が残っていることです。村の方に話を聞くと、「自分の生まれた村が好きだから仕事は村内で探す。見つからない場合は都会で仕事を見つけるが、村には住み続ける」といった声が聞かれました。日本ではまず都会に住み、田舎で仕事があったとしても都会から田舎に通うことが普通になってきていますが、生まれ育った村への愛着が強く、また学校や病院などのインフラが整っているため、無理に都会に移住することは少ないようです。もちろん、ドイツといっても広いですので地域性があるとは思いますが、生活空間として、自然の多い環境が

図27　民有林内のベンチに憩うカップル

好まれる傾向は強いようです。

基幹林道は工場のサテライト土場として機能

こうしたきめ細かい森林管理、低コストでの木材生産、野生動物との共存、一般市民と森林との距離の近さの主要因の１つとして、路網密度の高さが挙げられます。ドイツ（旧西ドイツ）では１９６０年代から１９７０年代（昭和40年前後）に国策で国土の多くに林道・作業道が整備されました。現在の路網密度は日本では19.５ｍ／haであるのに対し、ドイツ（旧西ドイツ）では１１８ｍ／haに達しています（図28）。

ドイツでは、素材生産における作業システムにも変化が見え始めています。トウヒの一斉人工林が主体であった頃には、人工林内に20ｍお

図28　南ドイツの山地における路網

きに搬出路を付け、そこからハーベスタによって間伐、造材を行う方法が取られていました（図29）。これは北欧や北米によく見られるCTL（短幹集材：Cut-to-Length）と呼ばれる作業システムです。一方近年では、チェーンソーを用いて伐倒、枝払いを行い、全幹材をトラクタベースのスキッダによってウインチ木寄せを行い（図30）、トレーラの入れる基幹林道まで機械道上をスキッディングする方法（図31、32）が復活してきています。このようにして基幹林道まで運ばれた全幹材は、基幹林道の脇に集積され、ここで山での作業は終わりとなります（図33）。集積された木材の情報は工場に伝達され、工場は材が必要になったらこの材を取りに来ます（図34）。つまり、基幹林道は工場のサテラ

図 29　帯状の搬出路とハーベスタ

図 30　ウインチによる木寄せ作業

図 31　スキッダによる集材

図 32　集材後 1 年経った機械道と基幹林道

図 33　基幹林道に集積された全幹材

図 34　全幹材のまま工場に運ばれる木材

イト土場として機能しており、工場まで運ばなくてよい分、森林所有者に返るお金も多くなります。

作業システムと木のサイズ

こうした一見、前時代への退行とも思える作業システムの変化が生じている一因としては、木のサイズの問題が関係していると思われます。つまり木のサイズが大きくなったことに伴い、この木を処理するハーベスタは非常に大きなものが必要になります。そのようなハーベスタは非常に高価で、林内に侵入させるには土壌等への負荷が大きく、路網を作設するとしてもより大きな費用とリスクを負うことになります。

また木が大きくなったことによって木材の用途も多様化し、例えば直径の大きな元玉と直径の小さな梢端部では用途が異なることになります。これを最初から4ｍ均一などに揃えて造材すれば、材全体としては価値が低下してしまう恐れがあります。しかし全幹材として工場に持ち込めば、曲がりなど材質を十分に吟味して最も材の価値が高くなるように造材すること、すなわち最も効率の良いカスケード利用が可能になるわけです。

オーストリアの林業―高い路網密度

ここで、日本では急傾斜の森林が多いので、平地林の多いドイツと比べるのはどうか、と考えられる方もおられるでしょう。それでは、ドイツの隣、山岳国であるオーストリアとスイスの例を見てみましょう。オーストリアは北海道とほぼ同じ大きさの小さな国ですが、ＩＭＦ（国際通貨基金）による２０１４（平成26）年の国民１人当たりの購買力平価ＧＤＰ（物価を調整したもの）は世界16位（日本は29位）で、経済的に豊かな国です。大企業は少ないですが、ドイツやヨーロッパ諸国に部品を輸出する優れた工業国といった一面があります。森林産業は州によっては主要産業となっており、森林の蓄積量は日本全体の４分の１しかありませんが、木材生産量（丸太）は近年では日本とほぼ同じレベルにあります（２０１２（平成24）年で１８０２万㎥）。オーストリアは山岳国であるにもかかわらず、路網密度は89ｍ／haあり、車両系機械による集材作業だけでなく、急傾斜地ではタワーヤーダを用いた架線集材も行われています。近年はトラックの荷台にタワーとプロセッサを載せたコンビマシンが普及しています。ただし、日本では雨水による侵食でできたＶ字谷が多いのに対し、ヨーロッパでは氷河によって侵食されてできたＵ字谷が多く、山ヒダの頻度など、道づくりや木材搬出の条件は日本とは少し異なることに注意が必要です。

オーストリアの林業の特徴は、皆伐施業が行われていることですが、皆伐面積と方法は法律で厳しく規制されています。ヨーロッパ各国の多くでは通常、皆伐面積は2～5ha程度までとなっているのに対し、日本では実質的には皆伐面積の上限はなく、数十haから場合によっては100haを超える皆伐が行われています。日本でここまで大きな皆伐が行われる理由の1つは、路網が不足しているからと考えられます。すなわち十分に路網が発達していれば、わざわざ時間と労力を掛けて重い索具を担いで長距離架線を張ったり、長い距離に一時的な搬出路を付けたりする必要はなく、再造林を考えた林地条件にあったきめ細かい施業方針を立てることが可能となるからです。

スイスの林業—大規模林業と小規模林業の共存

スイスの面積はオーストリアのさらに半分、九州よりも少し大きい程度ですが、2014（平成26）年の国民1人当たりの購買力平価GDPは世界9位、名目GDP（単純にGDPを人口で割ったもの）だと世界4位です。スイスはオーストリアとは異なり、金融業や観光業、精密機械工業、化学薬品工業など、世界を代表するような産業が多くあり、林業はあまり盛んでない印象がありますが、家具やバイオマス利用など、木材利用が積極的に行われています。以前は

85％あった森林率が19世紀末には15％に低下した反省から、１８７０（明治３）年に森林警察（フォレスターの前身）、１８９０年代にはフォレスター学校が創設され、現在では森林率は30％に回復しています。木材を積極的に利用しながら、豊かな森づくりと人材育成を行っているという意味では、林業先進国の１つといえます。

スイスでも平地林ではドイツと同様にトラクタをベースとしたスキッダによるウインチ集材が行われますが、スイスの場合、地形が複雑で大型のトラックが進入できるエリアが限られるため、短幹材での集材が行われます（図35）。また地形が急な場所では、タワーヤーダも使用されます。図36は高さ18ｍの大型タワーヤーダが導入されている現場で、１２００ｍの索張りがされているところです。この機械はドラムが別のトラックに積載されており（図37）、停止位置などはすべてプログラム制御、長距離架線でのサイクルタイムを短縮するために、時速70㎞（秒速19ｍ）もの高速で搬器が走行します。

出材された材はプロセッサによって短幹材にされ、トラックで輸送されますが、その行き先は様々です。例えば材質の良い木材は村営の製材所に出荷されることもあります（図38）。ここは人口７００人の小さな村で、近隣には60万㎥規模の大きな製材工場もありますが、高級家具材や内装材に特化し、うまく棲み分けています。従業員は常勤で約15人おり、村の経済を支

図 35　スイスでのスキッダ集材

図 36　大型タワーヤーダによる集材

図37　ドラム車

える大きな雇用先となっています。こうした大規模な林業と小規模な林業の共存は、日本の林業にとっても重要な方向性といえるでしょう。

ドイツ林業の変革―林業機械の普及、製材工場の大型化、丸太の共同販売組織

ヨーロッパ、特にドイツ林業に変革をもたらした大きなきっかけの1つは、1990（平成2）年の大規模な風倒被害であったといわれています。風倒被害の大量発生は、「一斉人工林」から「近自然的林業」への転換を促しただけでなく、大量の風倒木処理のための林業機械の普及、製材工場の大型化が起こりました。これは日本において1954（昭和29）年の洞爺丸台風、1959（昭和34）年の伊勢湾台風によっ

図38　村営の製材所

てチェーンソーなどの林業機械が普及したことに似ています。一方、ドイツには小規模な森林所有者も多く、それまでは自分で近隣の製材工場と価格交渉を行っていましたが、森林所有者の山から搬出される木材の量は少ないため、工場が大型化すると価格交渉面で不利になります。そこで丸太の共同販売組織が作られたり、森林組合が集荷販売機能を強化することとなりました。共同販売による大ロット化は、結果として森林所有者の利益を確保しただけでなく、大型化した製材工場にとっても安定した原料の確保が可能となり、取り引きされる木材価格の安定化や流通コストの削減に役立っています。

内装への木材使用は豊かさの象徴

木材の用途もヨーロッパと日本では大きく異なります。木材は燃料資源として薪ストーブなどでよく使用され、多くの公共施設や家庭で薪ストーブが使用されています。またヨーロッパでも住宅産業は林業の大きな需要先ですが、日本では木で骨組みを作って内装をプラスティック製品で覆ってしまうのに対し、ヨーロッパではレンガで家を作って内装を木で覆い、木製の家具を設置します。内装に木材を使用するのは豊かさの象徴であり、木による内装や木製家具の方が高級である、という、日本人が高度経済成長期に失ってしまった価値観がいまだ根強いという事情もあるようです。また製材工場の大型化によって木材の安定的な需要先の開拓が必要となっており、一部では木造建築物を増加させようという動きもあります。近年ではＣＬＴ（直交集成材：Cross Laminated Timber）による中層建築物の建築も増えています。ＣＬＴは木材そのものの環境調整機能があるほか、鉄筋が熱に弱いのに対して、木材は燃焼速度が計算できるため、火災の際に建物の中に入って消火活動ができる、という利点もあり、また比較的軽量なパネル構造をしているため工期も短く済みます。中には30階建ての建築物の計画もあるそうです。

5.2　日本での動き（政策）

新流通・加工システム

こうした海外での経済的、環境的、社会的に持続可能な森林管理を手本として、日本でも様々な取り組みが行われてきました。『森林・林業白書』をはじめ、様々な機会に紹介されていますのでここで改めて取り上げるまでもないですが、中でも近年、最も日本林業を大きく変えた事業が、２００４（平成16）年に始まった「新流通・加工システム」に関する取り組みではないでしょうか。これは、国産材利用が低かった集成材や合板等の分野で、全国10箇所をモデル地域として、生産組織や協議会の結成、参加事業体における林業生産用機械の導入、合板・集成材等の製造施設の整備等を推進する事業でした。この事業により、曲がり材や間伐材等の利用量は、２００４（平成16）年の約45万㎥から、２００６（平成18）年には１２１万㎥まで増加しています。２０００（平成12）年に13.８万㎥であった合板用材の国産材需要量が２０１４（平成26）年には３１９.１万㎥に伸びたのは、この事業の成果の１つといって良いでしょう。

新生産システム

２００６（平成18）年にはさらに、全国11地域に「新生産システムモデル地域」が設定され、これまでの木材市場で分断されていた木材の生産と加工の過程を統合し、ハウスメーカーなどのニーズに合った木材を効率的に安定供給しようという取り組みが行われました。各地域の事情によってその成否は様々ですが、これまで山の現場では伐った木が木材市場でいくらで売れるか、ということを中心に考えて経営が行われてきたのに対し、伐った木が何に使われるか、どのように森林を管理すれば良いか、というところまで考えられるようになるなど、現場での意識改革には大きな効果がありました。

森林・林業再生プラン

また農林水産省では２００９（平成21）年12月に「森林・林業再生プラン」を公表し、今後10年間に木材自給率を50％に増加させる計画を立て、様々な関連する施策が実施されていますが、これはまさにドイツ・オーストリアに倣って林業の再構築を図る試みです。壊れにくい路網を充実させると同時に、路網を活用した林業機械の導入と作業システムの確立、フォレスターやプランナー、オペレータなどの人材育成、森林組合や民間事業体の組織改革、小規模分散型所有森林の集約化、など、これも意識改革という点では一定の成果が見え始め、近年では各県で林業大学校の設立の動きが盛んになっています。木材利用面でも、2010（平成22）年には「公共建築物等における木材の利用の促進に関する法律」が施行され、学校や体育館、高速道路のサービスエリアなどの公共建築物には極力、木材を使用することが努力義務となりました。戦後の木材不足から、公共建築物は鉄やコンクリート等で建造することが政府の方針となってきましたから、これは大きな方針転換といえます。

木質バイオマス発電

さらに2012（平成24）年7月からは、「電気事業者による再生可能エネルギー電気の調達に関する特別措置法」が施行されました。再生可能エネルギー源（太陽光、風力、水力、地熱、バイオマス）を用いて発電された電気を、一定の期間・一定の価格で電気事業者が買い取ることが義務付けられており、2015（平成27）年には木質バイオマスの区分に2MW未満の小規模枠が新設されました。広範囲から燃料用木材を収集する、木材を電気に変える、という点で異論はありますが、A材からD材までのすべての材を活用する下地ができたという意味では、これも日本林業を変える大きな一歩です。

新たな機械導入

また林業機械においても、新たな動きがあります。2009（平成21）年度に始まった「森林・林業再生プラン実践事業」で、ドイツおよびオーストリアのフォレスターを招いて、全国5地域において新たな機械導入の可能性が検討されたのを皮切りに、2010（平成22）年度には全国11事業体における「先進林業機械改良・新作業システム開発事業」、2013（平成25）年度には全国21事業体における「先進的林業機械緊急実証・普及事業」が実施され、欧州から様々な林業機械が導入・改良が行われたほか、国産林業機械の開発・改良、普及事業が行われました。特に2013（平成25）年度の事業では、タワーヤーダや集材機の導入・改良など、架線系の機械に重点が置かれ、日本独自の地形条件に対応した機械開発が行われています。2015（平成27）年には農林水産省の「農林水産業におけるロボット技術開発実証事業」の中で、原木品質判定機能付きハーベスタや林業用アシストスーツの開発なども実施されています。

林業専用道

路網に関しては、林業専用道というカテゴリーが追加されました。林道は地域の生活道でもあり、通行の安全面にも配慮されているため、法面が高くなるなど林業での使い勝手が悪く、高コストゆえに整備も進みませんでしたが、林業専用道は林業用10ｔトラックの通行を想定した作設単価の安い林業のための道を付けることにより、運材コストを下げようとする試みです。大幅員の路網を安く付けるという考え方ゆえに崩壊リスクも高く、その作設費、維持管理費の負担の問題も大きいですが、木材の物流基盤自体の大きな変革のきっかけにはなると思われます。

5.3 日本での動き（民間）

作業道開設に関する技術

これらの国の動きのほか、民間でも様々な取り組みが活発になってきています。路網に関しては、作業道開設に関する技術にも大きな進展があり、いわゆる大橋式作業道や田邊式作業道（従来は四万十式作業道として普及してきましたが、現在の田邊氏の作設法は変化してきており、ここでは区別しています）など、2・2～2・5ｍの小幅員で壊れにくい路網作設技術が発展してきています。土質や施業方針、運材機械（小型トラックかフォワーダか、など）によって工法は異なりますが、崩壊危険性を丁寧に精査し、水の流れをコントロールすることによって、雨と急傾斜地の多い日本の山地においても、自然の再生力を活かした頑丈な路網を作る技術が広まりを見せていることも、近年の特徴の1つといえるでしょう。

特に乗用車が乗り入れることができる大橋式作業道は、施主や工務店などの消費者に山に入ってもらい、実際に自分の家の大黒柱を自分で伐ってもらうなど、木材の高付加価値化にも貢献できる路網です。また将来的には択伐樹下植栽（または天然更新）による非皆伐施業が可能になる生産基盤でもあり、日本林業の将来を変える可能性を秘めています。

各人の技能の体系化ー技術の伝承

こうした路網作設技術は従来、名人だからこそできる技、と見なされることが多く、国や県で行われる研修などでは期間が短すぎて、十分な効果を上げることは困難な状況でした。しかし近年では作設技術の体系化や作設オペレータの育成システムへのチャレンジもみられます。

図39は、３年前にはじめて重機に乗り始めた作業班が作設した大橋式作業道の３連続ヘアピンです。このヘアピンを作設したのは京都府の南端に近い地域の山城町森林組合の作業班で、サントリー天然水の森事業における「地域横断型人材育成」の一環として、兵庫県の北はりま

図39　重機経験3年の作業者が作設した大橋式作業道

森林組合作業班の仲介のもと、大橋式作業道作設の第一人者、清光林業㈱の岡橋清元名誉会長、岡橋清隆相談役の指導によって人材育成が効率的に行われています。この育成方法は「人に教えることは、『説明する』という言語化を通じて、自分の勉強にもなる」という理念の元に実施されているもので、名人芸といわれる個人の「技能」を、体系化された「技術」に昇華させ、普及させることのできる優れた手法であると考えられます。この地域は高度経済成長期に植栽された人工林が多く、森林管理の担い手である林業事業体が不在でしたが、搬出作業班ゼロの状態から、わずか3年で頑丈な路網作設と搬出間伐を他地域でも実行できる事業体に成長しました。

「木の駅」

日本林業における最大の課題となってきた小規模分散型所有の問題に対しては、森林組合や素材業者等が森林所有者をとりまとめて効率的な施業を行う提案型集約化施業が一般化してきているほか、一方では自伐林家の存続に対する関心も高まり、「木の駅」による林地残材の収集システムも全国に広まってきています。「木の駅」では現金の代わりに地域振興券（モリ券）を発行することによる地域経済への貢献などの効果も期待されています。

馬搬

少し変わった民間の取り組みとしては、岩手県の遠野市での馬搬が挙げられるでしょう。遠野市では２０１２（平成24）年に馬事振興課を新設しました。遠野では古くから農耕・山仕事の労働力として馬が活用され、南部曲がり屋建築様式など、地域の文化にも色濃く反映されてきました。馬搬は積雪地を中心に、日本の広い範囲で行われていた木材搬出法で、遠野でも昭和中頃までは40人以上の馬方がチームを組んで木材搬出を行っていたそうです（図40）。遠野でも馬方は現在、５人のみとなっています。

しかし馬搬は、化石燃料を使わず林地の撹乱も少ない手法です。盛んであったヨーロッパで

図40　遠野での馬搬（2012年）

も近年は廃れていましたが、環境に負荷を掛けない手法ということで再び見直されています（図41）。林内走行が可能な機械は近年、走破性という意味で大きな進歩を見せていますが、林業機械は重く、林内に機械を持ち込めば林地に大きな負荷を掛けることになります。最も土壌への負荷が小さい方法は歩行機械で、実際に6足歩行の林業機械が作られていますが、あまりに莫大な費用がかかるため、実用化はされていません。一方、馬は自律的に不整地を歩行することが可能で、一種の高性能自律式歩行機械と考えることもできます。

林業機械と比べると小型でアタッチメントはあまり装着できませんが、機械と違って化石燃料を消費しません。そのかわりエサを消費しま

図41　スイスでの馬搬（2010年）

すが、その食費は月に3万円程度だそうです。大きな林業機械は1日に75L程度の軽油を消費しますから、月に20日間稼働すると仮定すると1500L、15万円程度の消費となります。また、ストレスの多い機械の操作と異なり、馬との共同作業は作業者の精神面でも良い影響を与えるとも考えられます。

サプライチェーン構築

一方、近年は木材流通、いわゆるサプライチェーンに関しても、大きな動きが見られています。2003（平成15）年に設立されたノースジャパン素材流通協同組合では、岩手県を中心にした東北、北海道の素材生産事業体が組合員となり、組合員が生産する素材の共同販売と、素材を各種の加工業者に計画的、安定的に供給するための情報、物流システムの構築を行っています。すなわち、組合員は組合による出荷調整を受けて各種の製材工場等に計画的に直送による出荷を行い、組合から原木代金を受け取ります。組合は各種工場との価格交渉やクレーム対応、代金支払いの代行を行うわけです。当初は集荷圏は岩手県内に限られ、販売先も合板工場へ納入するB材だけでしたが、近年はA材、C材、D材へも対象を拡大し、集荷圏も拡大してきています。

こうした仕組みにより、素材業者は安定した価格で計画的に素材生産を行うことができるようになり、また製材工場側もまとまった量の木材を安定して仕入れることができるようになってきています。設立当初、3万㎥に満たなかった取扱量は、2014（平成26）年には27・7万㎥（バイオマス材および国有林材委託販売を含む）に達しています。川上と川中とを結ぶ、新たなコーディネータとして、さらなる発展が期待されています。

木材流通を変える動きは全国各地で見られ、例えば2011（平成23）年に設立された群馬県森林組合連合会の渋川県産材センターでは、3mの無選別材を一手に引き取り、選木機でA～C材に仕分けて、全量、定額取引を行っています。各種製材工場との取引価格は3カ月ごとの見直しとなっているため、素材価格の安定に効果が出ているほか、素材生産作業の生産性の向上も認められています。

また木材市場が新たな方向性を打ち出している例もあります。佐賀県の㈱伊万里木材市場では、市場自らが直営素材生産を開始するとともに、大分や鹿児島など九州一円に事業展開を行い、自社有林を立木在庫として機能させる取り組みを開始しました。さらに現在では、造林や保育などの森林整備事業も展開しています。こうした取り組みを開始する前には素材取扱量は年間４万㎥程度でしたが、２０１３（平成25）年には33・３万㎥に達しています。

5.4　経営の観点から見た日本林業の特性

資本集約型への移行

このように林業をとりまく環境は刻一刻と変化し、新たな動きも活発になってきました。しかし日本における変化は大きく、イノベーションをどのように捉えれば良いか、混沌の状況にあると思えます。ここで、イノベーションの方向性についての議論の前に、今一度、林業経営における環境変化について整理しておきたいと思います。

林業経営という側面から見た場合、労働単価の高騰は、「労働集約型産業」から「資本集約型産業」への変化を促す要因となります。労働集約型産業とは、労働単価が安い場合に有利な経営であり、高度経済成長前の日本の林業では、下手に機械を導入しなくても安い労働力を使って木材生産を行えば良かったのですが、労働単価が上昇した高度経済成長後は、労働力を減らして林業機械などの資産に振り分ける方が良くなります。サービス業など、どうしても人の能力が機械などで代替できない場合には、高い労働単価であっても労働集約型産業となりますが、サービス業においても近年は、IT技術、ロボット技術の発達によって、資本集約型への移行が始まりつつあります。レストランなどで、タブレットなどの通信端末で注文する形式の店が増えていますが、その分、店では従業員の数が減っており、まさに資本集約型への移行の1つといえるでしょう。

変動費型経営体と固定費型経営体

一方、林業などの生産業におけるコストは、固定費と変動費に区分できます（図42）。固定費とは生産量にかかわらず一定に必要となるコストで、例えば林業機械の償却費や職員の給与に当たります。変動費は生産量に比例して増加するコストで、機械の燃料費などです。変動費が上昇する割合（つまりコストの直線の傾き）は変動費率と呼ばれます。原価は固定費と変動費

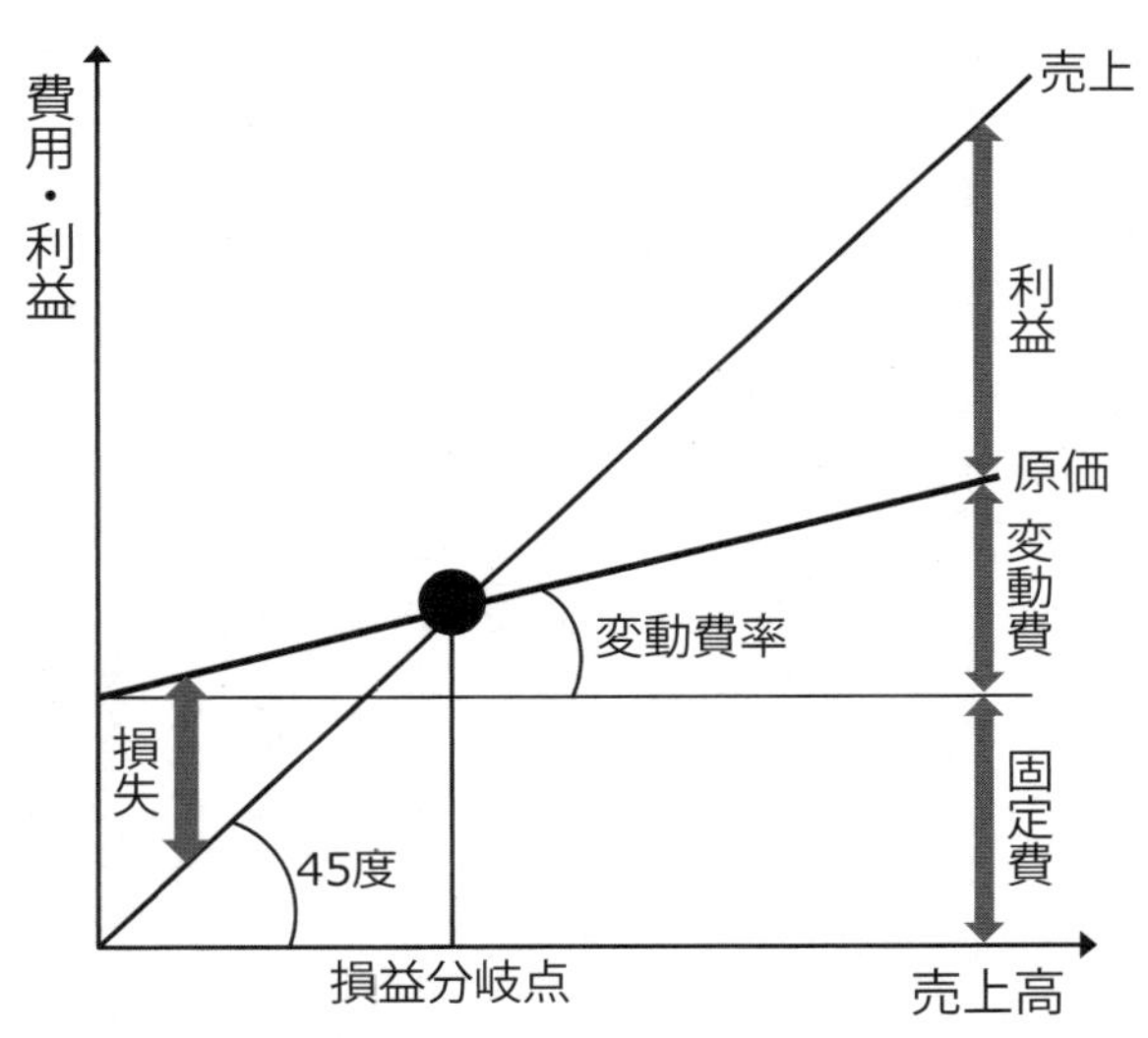

図 42　コストの構成と損益分岐点

の和で表されますが、**図42**では横軸が売上高、縦軸が費用ですので、45度の傾きの線を引くと、この線と原価の線が交差する点が損益分岐点となります。つまり、損益分岐点の売上げよりも売上高が多いと利益が出ますが、少ないと損失が出ることになります。

こうした経営体のコスト構造により、経営上、気をつけるべき点は変わります。**図43**は変動費の割合が高い（変動費率が高い）経営体、固定費の割合が高い（変動費率が低い）経営体、それぞれの特性を示しています。上図の変動費型経営では、少ない売上高でも利益を得ることができますが、売上高をいくら大きくしても、あまり利益は多くなりません。一方、下図の固定費型経営の場合、多くの売り上げを確保しないと利益が出ませんが、売上高が多くなるに従い、多くの利益を上げることができます。林業の場合、変動費型経営体は安い林業機械を所有する自伐林家等に多く、固定費型経営体は高い林業機械を複数所有するような大規模経営体に多く見られます。

労働単価が高くなると、従業員を多く雇うよりも、機械を導入するなどして資本集約型に移行する方が有利になりますが、これはすなわち固定費型経営に転換せざるを得ないという側面を持つことになります。もちろん、自伐林家などでも経営は成り立ちますが、従業員をなるべく雇わず、家族経営を行う形態にしたり、機械の共同所有やリース、共同販売を行うなどの経営努力が必要になります。

例えば大橋式作業道のような高密路網の整備は、小型のグラップルと２ｔダンプなどの安い機械を用いて搬出作業を行うための基盤であり、変動費型経営において固定費を抑えたまま変動費率を下げる効果がありますので、これからの時代で変動費型経営を成り立たせるためには必須の条件となるでしょう。また木の駅の取り組みは、自伐林家の共同販売のような形式と見なすことができますので、現在の経済環境下において変動費型経営体が存続する上では、重要な存在であると位置づけることができるでしょう。一方、固定費型経営では一定以上の売り上

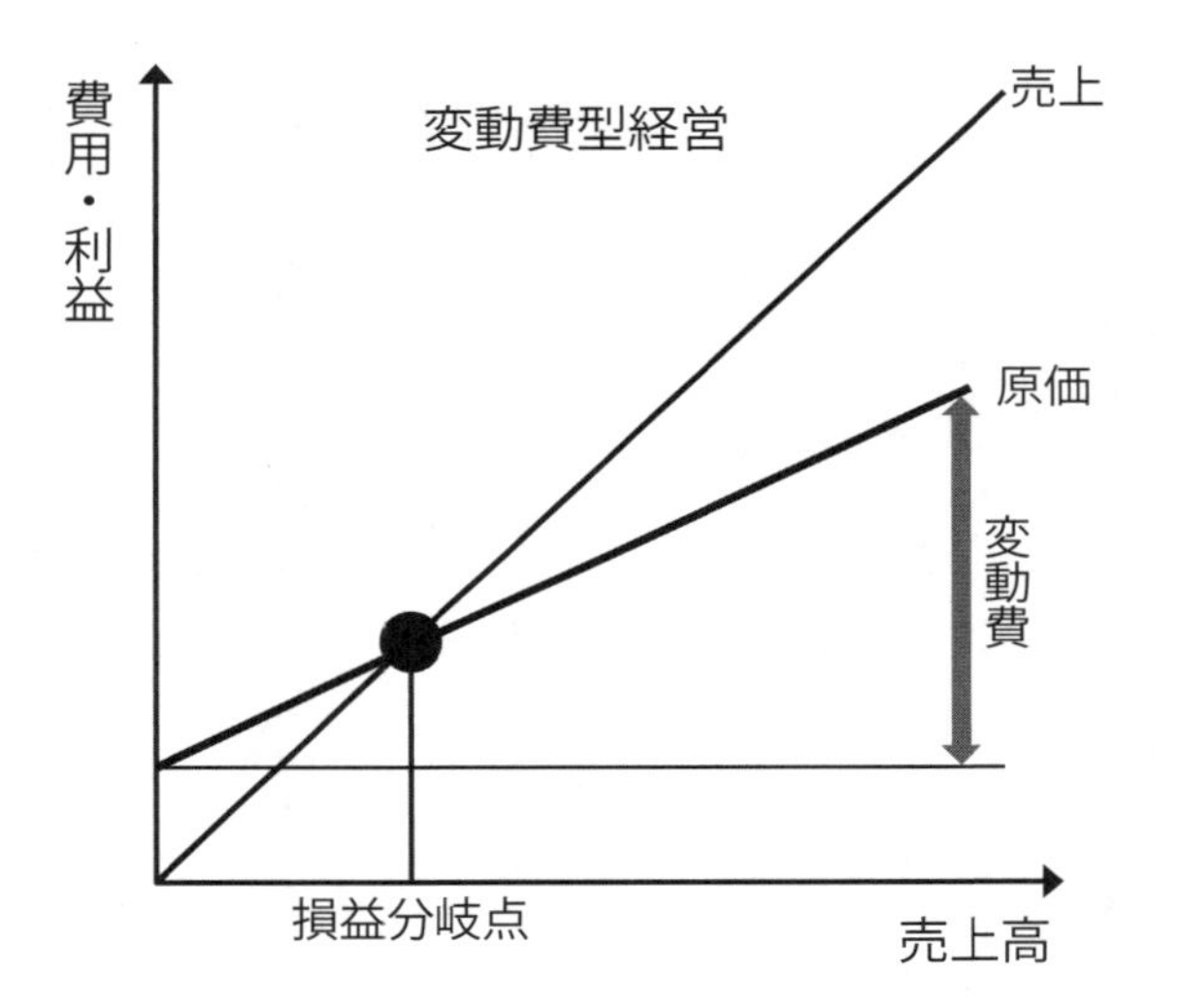

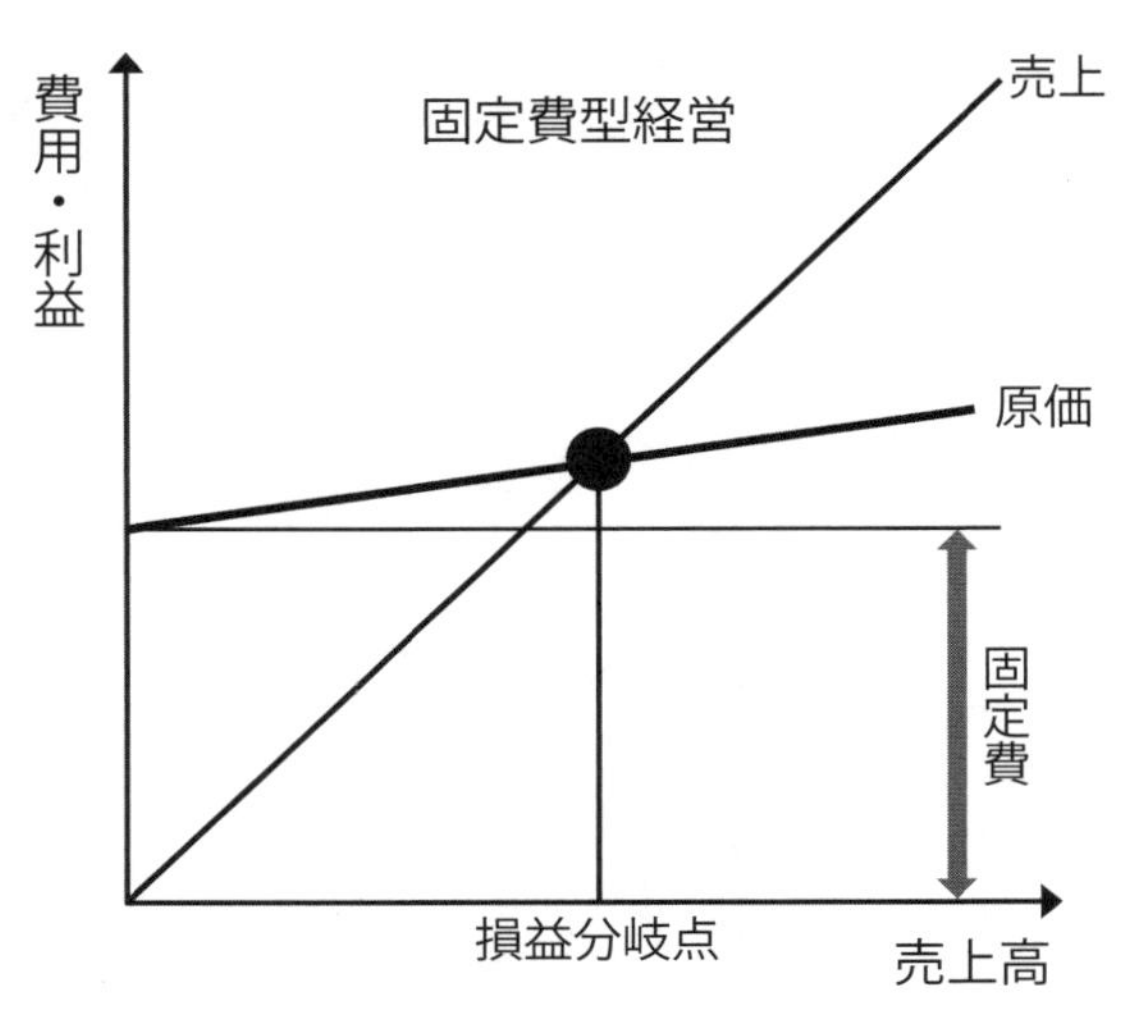

図 43　経営タイプの違い

げを確保することが求められますので、林地の集約化による事業地の確保は必須条件といえます。

5.5 日本における林業イノベーションの方向性と障害

イノベーションの準備

以上のように日本林業でも様々な新しい動きが見られますが、イノベーションの方向性を見定める上で、ヨーロッパでの事例と比べて何が不足しているか、何を議論すべきかが徐々に見えてきたのではないかと思います。つまり、生産目標および施業体系の再設定、路網や林業機械等の基盤整備、販売方法の再検討と情報の活用、地域での人と森との関係および山村と都市との関係の再構築などです。

一方で、これらを実現するために、今、具体的にどのような行動が効果的であるのかについては十分に整理されておらず、それぞれのセクター（部署や組織、個人など）ごとに個別に動きがあるだけのようにも見えます。

例えば路網の重要性については広く理解され、森林作業道や林業専用道の整備が進んでいますが、それを基盤としてどのように活用するか、短期的または長期的にどのような路網が効果的であるのかについては、十分な議論がされていません。路網や林業機械はあくまで基盤であり、森づくりの目標があってはじめて、ツールとして活きてくるものですが、その目標や環境および経営についてのリスク評価、具体的な計画立案と精査がないまま、極端な場合は補助金が付くから、というような安易な理由でやみくもに道づくりや機械導入をはじめとする政策が推し進められているようにさえ思えてしまいます。

そもそもイノベーションとは、従来なかったものを「企てる」ものですから、それが成功する確率は低いと考えるべきです。その確率を上げるためには、できる限り精密な情報を元にした現状分析と、シミュレーション、具体的な計画立案と検証作業が欠かせません。すなわち、日本林業において真に効果的なイノベーションを起こすためには、その準備段階として、多くの議論と分析が欠けている状況にあるといえます。

例えば林業の現場を考えると、先述のとおり、そもそもこれからの林業で何を生産していくか、という生産目標と施業体系に関する議論が十分に行われていません。世界人口は増加傾向にありますが、日本国内でいえば今後、少子高齢化が進み、人口も減少していきます。そうした中で、どのような樹種、形質、サイズの木をどのくらい生産し、どのように販売していくのかについての目標がありません。内需の減少分を輸出拡大によって補うのなら、現在の韓国でのヒノキブームや中国でのパレット需要増加に乗っかった受動的な輸出拡大だけでなく、積極的に海外での木材需要動向の分析を行い、海外での需要に合わせた生産目標の設定と、木材を売り込んでいく組織の強化が必要です。

森林情報と分析ツールの問題

そもそも日本林業では、育林などの投資と木材販売による収益に関して、精度の高い予測と評価が行われてきませんでした。地形の複雑さゆえに、林木の成長も数十m離れた場所で異なりますので、「伐ってみなければ収穫量がわからない」という状況になりやすく、高精度の収支予測が困難な状況であったからです。本来は地位などの土壌条件などを評価し、土地の生産力に見合った投資（育林）を行うべきです。元々日本には、適地適木という伝統的な考え方もありましたが、高度経済成長期の造林単位は非常に大きく、この原則が適用されないままに育林投資が行われてきました。

育林方法に限らず、路網整備や作業システムの選択も、土地条件に合った形で行わなければなりませんが、林業機械の導入による固定費（減価償却費）の増加に対応するために、無理な場所に現有の林業機械での施業をするための路網がつくられたりすることもあります。

これらの問題は、森林簿をはじめとする森林情報が不正確であり、また統一的な分析をするために必要な森林情報のデータフォーマットも定まっていない、というところに根本的な原因があります。森林情報が不正確なため、精度の高い計画を立てる意味がなく、また森林情報を活用した分析ツールも発展してきませんでした。近年では高解像度の衛星画像を安価で入手できるようになり、また航空・地上型レーザー測量技術も発達して日本各地でデータ計測が行われていますが、これらを積極的に林業に活かす流れは確立していません。

日本社会の方向性

一方、もう少し大きな観点からいえば、日本の社会構造そのものの方向性が定まっていないこともイノベーションの方向性を定める上での障害となっています。都市化が進行する日本において、山村や中山間地域を維持していくのかどうか、維持していくのなら具体的にはどのように地域経済を成り立たせていくのか、病院や学校などの生活基盤をどのように維持していくのかについて、未だ統一的な方向性がありません。林学研究者の中でも、近年は林業への理解がなくなり、極端な例では「森林管理は防災のための『防人』を山の中に配置するだけで良い」

という極論を展開する人もいるくらいですが、このような意見に対する明確な反論をできる人はどのくらいいるでしょうか？　実際、山に人が住まなくなれば、土砂災害で亡くなる方の数も減るのですから。

イノベーションは、それぞれの時代に生きる生活者、消費者の支持を得ることが必要条件です。林業と地域経済、雇用力、伝統文化などに関して、より積極的に議論し、社会共通の認識にしていくことが、イノベーションを考える上では大変重要になるのです。それはすなわち、日本の国民生活と森林の距離を再び接近させるような森林管理、林業サイクルを実現することが必要ということです。林業の現状と将来について、林業に関わるすべての人が、林業に関心を持たない人々に熱く語れるようにならなければなりません。

イノベーションの方向性の一致

また、イノベーションの方向性をある程度一致させておく必要もあります。林業を熱く語る人の方向性をある程度一致させないと、一般の人はさらに混乱してしまう、ということもありますが、それ以上に問題は切実です。例えば林業機械の開発に当たっては多額の開発費用が必要ですが、搬出作業システムの方向性がバラバラだと、せっかく開発した機械が売れません。

売れないということは、開発された機械が高額になり、購入できない、あるいは購入しても林業経営を圧迫する、ということになってしまいます。現在の日本の林業機械の多くは建設用機械の流用であり、本当の林業専用機ではありません。林業専用機が使用されることもありますが、その多くが輸入機であり、本国での販売価格よりも非常に高かったり、故障の際の修理に時間がかかる、日本の法令に合わせるのに余計な改造が必要、などの問題が生じています。

イノベーションの方向性を一致させることによって、日本の事情にあった林業専用機が開発できる可能性があるほか、日本林業の事情に合った法改正も可能になる可能性もあります。また、日本の気候、地形条件は、湿潤、多雨、急傾斜、高人口密度であり、欧米とは大きく異なりますが、こうした条件は東アジアの多くの地域に共通します。すなわち、路網整備や施業体系を含め、日本における持続的森林管理方法が確立できれば、新幹線のように林業機械とセットで輸出できる可能性もあるのです。

イノベーションを考える上で必要な議論

以上の日本林業のイノベーションを考える上での必要な議論をまとめると、次のようになります。

・経済的に持続するための作業システム・流通体制・路網とは？
・何を造る林業を目指すのか？
・樹種・伐期・生産目標・育林体系は？
・地域にあった作業システムはどのようなものか？
・最終的に、どう付加価値を付け、売るのか？
・社会性・環境性に関する意義づけと配慮
・将来社会で、林業はどのような存在意義があるのか？
・林業でどのくらいの雇用を生みだすのか？
・どのような人材と組織が必要か？
・どんな地域社会・人々の暮らしを実現するのか？
・イノベーションの方向性の共有と効果の分析、整理

これらは日本全体で議論すべきものと、地域として戦略を立てるべきものの2種類があります。また、議論だけではなく、研究を交えた分析、シミュレーションや、計画立案も必要になります。いずれにしても、林業関係者間の情報交換をこれまでにも増して活発にしていかなけ

ればなりません。

5.6　持続可能性の3要素とリスクに関する配慮

経済性、環境性、社会性

イノベーションの方向性に関する議論の最後に、その方向性のチェックポイントを挙げておきます。第４章で述べたように、これからの社会のキーワードは、「持続可能性」です。持続可能性には経済性、環境性、社会性という３つの要素があります。すなわち、イノベーションの行き着く先である新たな時代の林業が、経済的、環境的、社会的に持続可能であるかどうかについて、慎重に分析しておかなければなりません。経済的に持続可能であるということは、林業が再造林や保育作業を含めて儲かる産業であるかどうか、というチェックです。同様に、その林業のサイクルが環境に負荷を掛けない環境的に持続可能なものであるかどうか、社会に受け入れられ貢献できるような社会的に持続可能なものであるかどうか、という点についてもチェックが必要になります。

経済的な持続可能性については、林業サイクルによって他の森林生態系サービス、公益的機能が発揮されるならば、補助金などが収益に含まれて然るべきでしょう。環境的な持続可能性については、森林における物質循環や動植物の保全などだけでなく、林業におけるすべての活動においてチェックしなければなりません。例えば現在の林業は使用する林業機械の生産過程や燃料消費という点で化石燃料を多量に使用していますが、これをなるべく少なくするような努力も必要になるでしょう。また社会的な持続可能性については、地域社会における人材育成や都市からの流入者支援なども含まれます。

リスクマネジメントとしての検討

これら持続可能性は、一旦、システムができあがればそれで完成、というものでもありません。社会における経済状況や地球・地域環境、人々の考え方は刻一刻と変化します。これに合わせた修正、すなわちいわゆるＰＤＣＡサイクル（Plan：計画、Do：実行、Check：評価、Act：改善）の確立も常に必要となります。

さらに、ＰＤＣＡでは修正しきれないような一時的な大きな変化への対応も必要です。例えば材価の急落や気象害、病虫害のようなカタストロフィックな急激な変化にどうのように対応するかは、林業のような長いサイクルにおいては、大変重要です。こうした対応はリスクマネジメントとして様々な産業分野等で検討されていますが、林業分野でも森づくりの時点から検討しておかなければなりません。

例として金融工学におけるリスクマネジメント手法である、ポートフォリオ理論の林業への応用について考えてみましょう。ポートフォリオ理論とは、資産の価値変動リスクを避けるための分散投資に関する金融工学の理論です。高リスク高リターンの投資は、儲かる時は大変大きな収益が得られますが、場合によっては大きな損失が生じます。この損失リスクを避けるためには、変動に負の相関がある低リスク低リターンの投資を組み合わせます（図44）。このように組み合わせて投資を行うことによって、高収益性を確保したまま、リスクを減らすことができます。

森林における収益率の変動は、株式投資や社債における収益率の変動に対して負の傾向があることが知られており、１９９０年代からアメリカの投資ファンドなどで林地投資が活発化しました。林地投資はヤマを安く買って高く売りつける、または丸裸にして転売する、というような悪いイメージを持たれがちですが、実際には、森林を購入して路網整備や保育などの森林への投資を行い、森林（林木）の価値を上げて転売する、というような形で行われることが多いようです。このような投資は、元禄年間（１６８８～１７０４年）に始まったとされる吉野

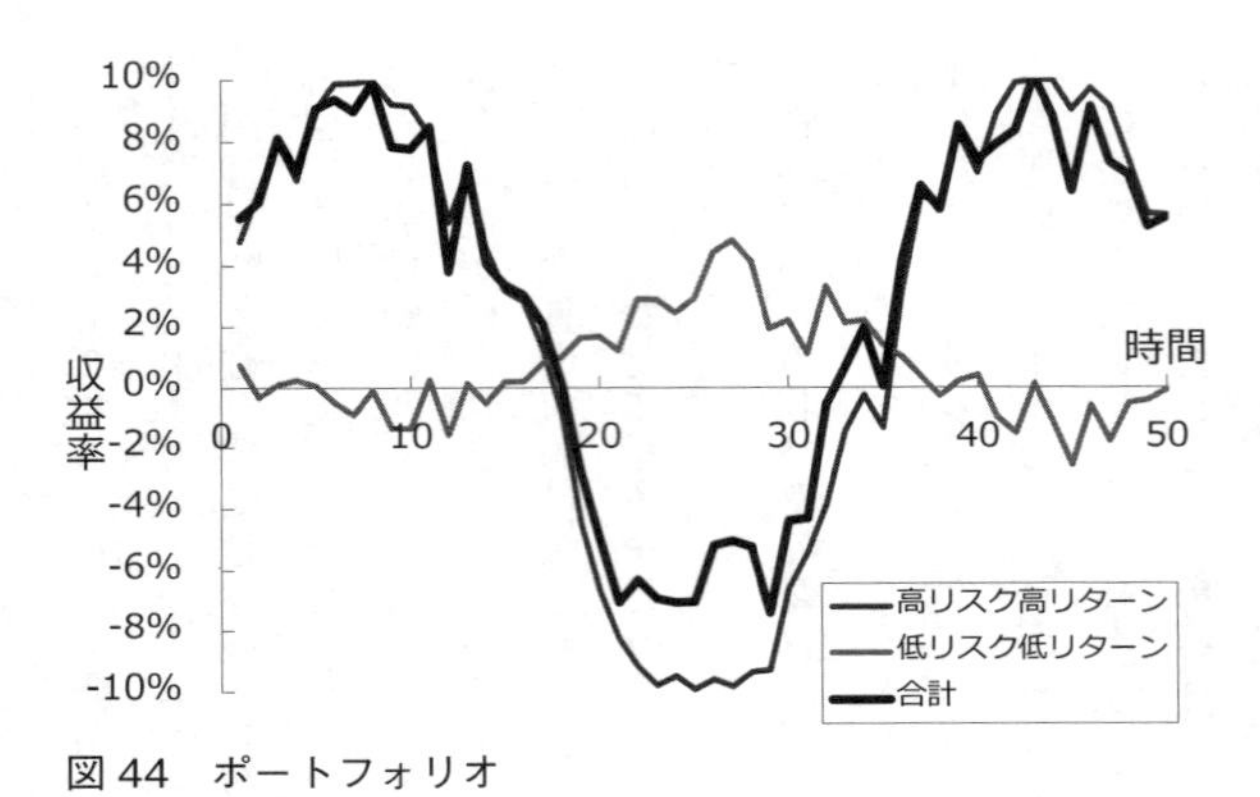

図 44　ポートフォリオ

における借地林制度に似ています。借地林制度は、地上権が設定されて所有者とは別の経営者が山守を通して継続的に林業（森林整備）への投資を行う方式で、地上権は頻繁に取り引きされました。

リスクマネジメント―生産目標

林業におけるリスクマネジメントは、林地投資とは異なったレベルとして、林業での生産目標の設定においても考えることができます。例えば高度経済成長期には、柱材生産を目的とした集約的林業において、高品質材を生産する方法によって高い収益が得られました。しかし柱材生産には密植多間伐という多大な投資が必要で、これは大きなリスク要因になります。材価の下落によって、投資してきた資金が回収できない場合もありますので、高リスク高リターンな投資先とみることができます。

一方、林業では疎植してとにかく木を太らせる方法を取ることもできます。生産される木材は質が悪くなりますが、板材やチップ、燃料材として販売すれば、少ない投資である程度の利益が期待できますので、これは低リスク低リターンな投資方法と位置づけられます。

さらに、手を掛けて家具材となる広葉樹の直材が取れるような施業をしておけば、家具ブームが起こった場合には大きな利潤を生む可能性もありますし、サクラやカエデ類を植えておけば、放置していてもアウトドアブームによって入山料として利益が出る場合もあります。このように森づくりは長期的なものであるがゆえに、今、儲けがでなくても、将来的には様々な形で思わぬ利益が出る場合もあるわけです。

高度経済成長期には、ほとんどの人工林にはスギやヒノキが植えられ、森林経営は単一化してしまいました。一方でカラマツは元々、成長が早いが材が暴れるので材価が安く、林業の植栽樹種として不適当、と言われた時代もありましたが、現在では一定の利益を上げるに至っています。

このように林業のような長いサイクルにおいては、多様な森林を造成することは、環境性だけでなく経済性の面からも、リスクマネジメントの効果があります。逆にその時代の流れに沿って周りと同じような森づくりをしても、大量に同じような材が生産されることによって材価が下落してしまう可能性もあるのです。もちろん、あまりに少量だとロットがまとまらないため製材所が対応できず、市場そのものが成立しませんので、地域性を踏まえたある程度の規模を持った戦略は必要ですが、投資と想定利益を明確にした上での多様な林業の形態は、林業の持続可能性を維持する上で大変重要であり、このような視点からもイノベーションの方向性をチェックする必要があるでしょう。

第6章

森林生産システムから
イノベーションを考える

前章ではイノベーションの方向性を論じましたが、より具体的にイノベーションを考える上では、林業機械や森林情報等に関する技術がどこまで進んでいるのか、何が可能となりつつあるのかに関して把握し、その将来像を考えておかなければなりません。本章では、森林での素材生産における作業システム、および森林情報の収集と処理に関する技術動向を考えてみたいと思います。

6.1　作業システムの将来像

まず、林業における作業システムの将来を考えてみましょう。将来、と一口にいっても、どの程度の期間を想定するかによって、その展望は大きく変わります。例えば、保育や収穫などの林業作業における理想システムの1つは、完全無人システムです。単なる無人機械ではなく、各種の知能とセンサを備えたロボットが森林を管理する、といった状況が実現すると、人間はロボットから送られてくる情報に応じてメンテナンスのみを行う形になり（その大部分も自己修復で可能になるかもしれません）、労働生産性は無限大に近くなります。ロボットの動力を収穫したバイオマスや太陽エネルギーから得ることができれば、森林での収穫作業システムはまさに永久機関に近い存在になるでしょう。実際、近年のロボット工学やエネルギー工学の発展により、こうした夢想もあながち単なる妄想とは言い切れない状況となっているのかもしれません。

収穫作業の生産性が30㎥／人日に達するほどシステム化された北欧の平地林業では、オペレータとして多くの判断を行わなければならない人間そのものが作業システム上のボトルネックとなりつつあり、研究対象が機械操作の単純化や無人化へとシフトしつつあるようです。各種センサを用いた自律走行可能なベースマシンやコンテナ苗を用いた植栽機械など、近い将来、一部の作業を無人化した作業システムが実際に運用されることになるでしょう。

しかし実際の林業作業は、単なる技術論だけでは片付かない複雑性があります。それは例えば小規模分散型の森林所有形態であり、また拡大造林期に植栽された人工林に大きな偏りを持つ齢級構成、さらには住宅用材に特化した育林目標、多段階の流通構造などです。これらは長い期間の内に徐々に解消されていく問題なのかもしれませんが、これらを無視して林業システムの将来像を描くことは難しく、単なる机上の空論で終わる恐れがあります。そこで以下では、現在の日本の森林が抱える問題に対応しながら、林業における作業システムをいかに構築・発展させていくべきか、数十年のタームで考えたいと思います。

6.2　地形条件と作業システム

地形による作業システムの制約

作業システムを考える上では、各地域の地形条件のほか、地質、気候、さらには産業構造、歴史など様々な点を考慮する必要がありますが、ここではひとまず地形条件のみ取り上げます。

現在、典型的とされる作業システムは、地形的制約によって3種類のシステムに大別することができます。すなわち、緩傾斜地での林内走行によるCTL（短幹集材）をベースとした、ハーベスタとフォワーダのみを用いた作業システム（以下、林内走行システム）、傾斜地での高密度林内路網作設によるハーベスタおよびプロセッサ、またはチェーンソー、およびフォワーダや小型トラックを用いた作業システム（以下、高密路網システム）、急傾斜地における高規格林道を用いたタワーヤーダや集材機などの架線機械とプロセッサを用いた作業システム（以下、架線システム）です。このような地形による作業システムの制約は、作業機械が森林内にどのように進入するか、という問題に帰結します。労働生産性だけでなく安全面からも、作業員が林内に降りることなく、作業機械に乗ったまま作業できるシステムが理想となり、地形はその移動範囲の制約条件といえます。面的に移動可能な森林では林内走行システム、線的に移動できるよう基盤整備を行うのが高密路網システム、作業ポイントを点として捉え機械の林内への進入を最小限に抑えるのが架線システム、という見方ができるでしょう。

最も望ましい作業システムは、作業機械が森林内の任意の地点に到達できる林内走行システムですが、傾斜などの移動障害が多くなる場合は、線的に移動基盤を整える高密路網システムの方が高効率となります。近年では傾斜地でも走行できるベースマシンや、キャビンの水平維持機構（スタビライザ）を備えた機種、さらにはウインチを命綱のように使用するウインチアシストシステムを装備した機械も実用化されており、今後は林内走行システムの導入可能範囲が拡大する方向にあります。

林地条件に対応した機械開発とシステム構築

また高密路網システムも、壊れにくい作業道の作設法について各地の地質や傾斜に合わせて試行錯誤が行われており、従来、架線システムしか採用できなかったエリアへも導入されてきています。長期的に見れば、架線システムから高密路網システム、さらには林内走行システムへと、シフトしていく方向になると考えられます。

ただし、単に林内走行が可能、路網作設が可能、というだけでなく、環境への影響や各種のリスク、長期的投資効率についてよく検討し、どの作業システムがその林地に適しているのか判断しなければなりません。

例えば、林内走行システムでは非常に高い労働生産性と低コスト化が達成できますが、出材量が多くなるため、このシステムに適した林地の確保が容易ではありません。仮に１日当たり１００㎥の生産を年間２５０日行った場合、年間の出材量は2万５０００㎥となります。５００㎥／haの皆伐でこれを賄うとしても年間50haの施業対象地、１００㎥／haの間伐では年間２５０ha、10年周期の間伐であれば１システム当たり２５００haの施業対象地が必要となります。施業地が分散していると機械の稼働率が下がり搬送費用も増大しますので、作業ロットはできる限り大きくなければなりません。しかし緩傾斜地のみでまとまった林地を、どの程度確保し、とりまとめるかが問題となります。そもそも国土の狭い日本で、緩傾斜地が森林化されているのには、何らかの理由があると考えるべきです。すなわち、土壌が軟弱であったり、転石が多かったり、積雪が多かったり、と、林内走行にとってもなんらかの悪条件があると考えた方が良いでしょう。我が国で林内走行システムを拡大させるためには、傾斜だけでなくこれら林地条件の問題に対応した機械開発とシステム構築が重要となると考えられます。

このような状況を考えると、我が国ではまだ当面は、高密路網システムを基本とした作業システムおよび育林体系の再構築が主要課題になるでしょう。環境リスクの低い林内路網をいかに作設するか、路網作設コストおよび維持管理コストと得られる便益のバランスをどう捉えるか、どのようなサイズの林内路網をどのような密度で作設するのか、その林内路網を活用するための機械はどのようなものか、が議論の中心となります。

例えば少々大きめのバックホウで粗切りだけをして十年に一度の間伐に用いる伐出道ならば、作設コストは数百円／mで済みます。しかし作設した作業道を日常的に使用するには、数千〜数万円／mをかけて、構造物を入れるなどの整備をしなければなりません。この判断は、長期的に見た作設および維持管理コスト、リスクの評価と、森林から得られる予想収益によって決定されるべきものです。

図45は、路網の作設単価と維持管理費、総費用単価を模式的に示したものです。路網作設費は短期的に見れば安いにこしたことはありませんが、維持管理費を考えた場合、この例では5年間トータルでは600円／m、30年間トータルでは2100円／mをかけて丁寧に路網を作設した方が有利になります。その総費用以上の利益が、補助金を含んで得られるか、あるいは高密路網を活かした集約施業によって付加価値を付けられるか、という観点での検討が必要です。

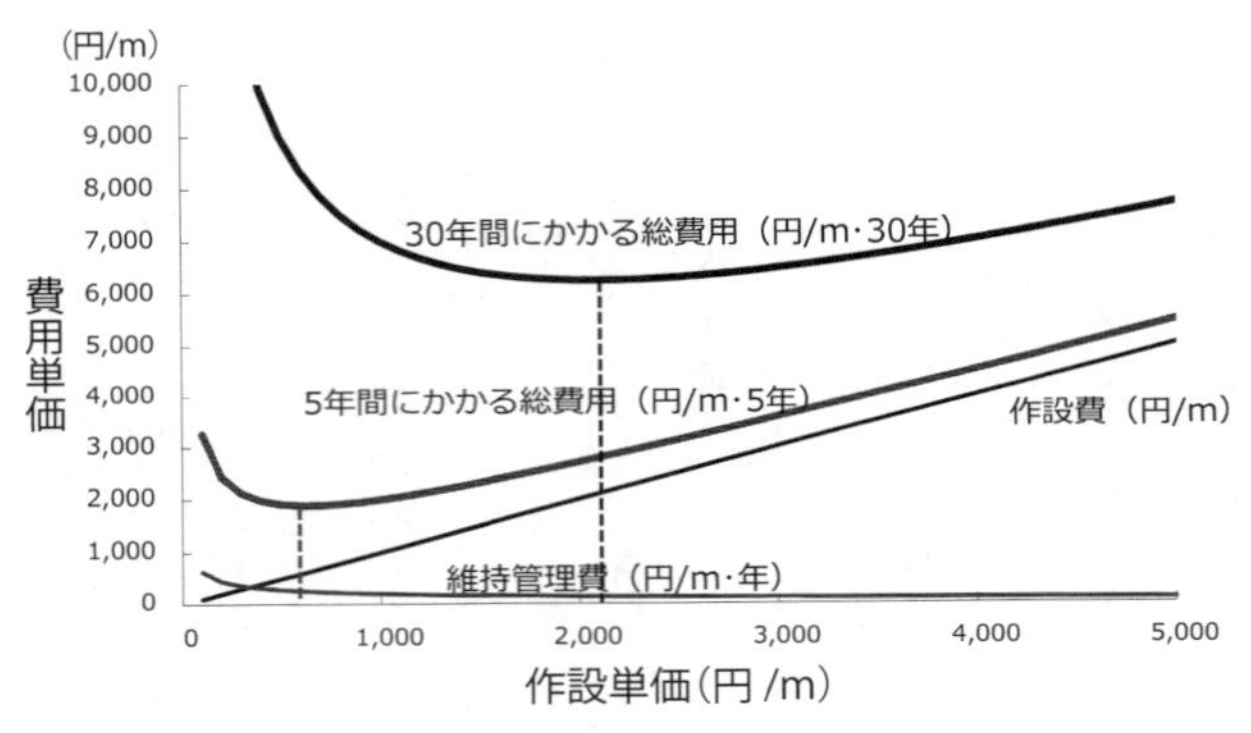

図 45　路網の作設単価と総費用

一方で林内路網はそもそも、育林体系や森林所有者、管理者の意識をも大きく変えるものでもあります。それまで数時間かけて険しい歩道を歩いてようやく到達できた林分が、車によってあっという間に到達できるようになる訳ですから、極端にいえば、奥山・深山が里山・裏山になる、ということです。つまり林内路網が整備されることによって、山の仕立て方、使い方も大きく変わるという認識を持つ必要があり、従来の育林方法・生産目標にとらわれず、柔軟に森林から得られる予想収益、便益を評価し、森の扱いを再検討していく必要があります。

三次元空間を活用する架線システム

一方、急傾斜地における架線システムの発展の可能性はどうでしょうか？　先に、架線システムは作業ポイントを点として捉えて機械の林内への進入を最小限にする、と書きましたが、別の観点からこのシステムを見ると、林内走行システムや高密路網システムが地表面上での二次元的な作業を想定しているのに対して、架線システムは森林の上空に広がる広大な空間を三次元的に活用するシステムであるともいえます。現在の多くの架線システムは、三次元空間をほぼ線的にしか活用できませんが、これが面的にカバーできるようになれば、林内走行システムよりもさらに進んだ技術になり得ます。

例えばエンドレスタイラー式におけるホールバックラインの引込索としての使用のほか、H型架線や三角架線などの平面架線集材はこの試みの1つです。また広義ではヘリコプター集材もその発展形であるという見方もできます。現在のところは他のシステムと比べてコスト面、労働負荷の両面で不利な面が多いですが、生産する木材の品質（価格）や森林管理目標によっては、索速度の高速化や複数の搬器を用いた複荷方式（受け渡し方式など）によって、まだまだ発展させる余地があるかもしれません。

ただし、他の2システムと異なるのは、架線システムがあくまで収穫システムである点です。近年では「伐採・造林一貫作業システム」として集材時にコンテナ苗などの資材運搬にも使用されるケースもありますが、架線システムは撤去してしまえば森林管理基盤として使用することができません。林内走行システムや高密路網システムは、様々な種類の機械を林内に乗り入れることによって、安全かつ効率的に植栽や保育作業を行い、場合によっては消費者に森林の中に入ってもらうことができますが、架線システムでこうした作業や高付加価値化を行うには、モノレールなど別の技術が必要になります。保育作業は高コストとなり、高付加価値化も難しくなりますから、天然更新や疎植など、なるべく育林にコストを掛けない粗放的な育林体系の確立を合わせて考える必要があるでしょう。

6.3　作業システムの発展の方向性

需要変化に合わせる

ここまでの話はあくまで林業における収穫作業上の技術論を中心としたものです。実際には、社会的な森林への需要がどう変化するか、その変化に合わせてどのように作業システムを対応させていくかも重要なポイントとなります。

例えば、近年では枝条など未利用木質バイオマスのエネルギー利用への期待が高まっていますが、こうした残材利用を考えた場合、作業ポイントが固定される架線システムが最も有利になる可能性があります。全木集材による架線システムでは、用材と合わせて残材も作業ポイントに集積されますから、改めて残材を収集しなくても低コストで残材を林外に持ち出すことが可能になるからです。一方、家具材や内装材など品質への関心が高まれば、集約的なきめ細かい高品質材生産と消費者が立木まで簡単に到達できる高密路網システムが有利となるでしょう。

作業システムを規定するのは、それぞれの森林の管理目標であり、さらにそれを規定するのは、社会的な森林へのニーズです。逆にいえば、社会が森林に何を求めるかによって、その後数十年の森林の管理目標に制約が生まれ、さらに需要に応じて限定されたコストの元に作業システムが決定されることになります。

需給関係の調整役

このような状況の中、これからの作業システムには、植栽当初と異なる需給関係の調整役としての発展も求められているのではないか、と思います。つまり変化する経済環境の中、それまでかけてきた育林投資を回収するには、間伐を含む収穫作業を黒字化するほかありません。また収穫作業だけでなく植栽や保育作業についても、社会からの需要変化を敏感に先読みしながら、できる限り投資効率の良い方法に転換させていく必要があります。収穫にしても育林にしても、コスト以上の付加価値が付けられるのであれば、必ずしも無理に低コストな方法を選択する必要はありません。しかし植栽や育林の段階における投資効率の推定（つまり将来の売上げ予測）は、あくまで不確定な推定に頼らざるを得ませんので、最終的には森林経営者の経営判断、すなわち一種の賭に近い決断を迫られてしまうことになります。

ここでいう「森林経営者」が、従来のように森林所有者を指すのか、あるいは森林組合や自治体がフォレスター的役割を負うようなシステムを構築した上で方針を決定するのかは、別に詳細な議論が必要になりますが、少なくとも収穫段階ではその時点での需要を考えれば良く、作業システムの選択（路網密度や使用する林業機械、売り先の選択）や改善という形で経済環境の変化への対応が図りやすいといえます。

収穫作業システムの選択と改善

収穫作業システムの選択と改善は、近年は低コスト間伐への取り組みとして議論されることが多くなっています。これは、森林所有者の負担をできる限り減らす、あるいは少しでも多くの金額を所有者に返す収入間伐を行おう、というもので、その具体的手段として、高性能林業機械の導入、流通の改善、集約化施業、の3点が重要な柱となっています。以下ではこれらをもう少し掘り下げ、作業システムの将来像を探ってみましょう。

高性能林業機械の導入―処理する材の流れの管理

高性能林業機械の導入における近年の動きで特徴的なのが、木材生産の工程管理体制を確立する動きが出てきたことです。つまり、伐採、集材、造材、運材、椪積、出荷などの各工程を、一連の流れを有するシステムとして捉え、処理する材の流れを管理することの重要性が認識されてきています。例えば従来作業の中でプロセッサだけを導入したとしても、集材作業・運材作業の処理能力が追いつかないため、プロセッサに材が廻ってこない、プロセッサで処理した材が溜まる、ということになり、作業コストが逆に上昇してしまうことになりかねません。この状態を回避するために、収穫作業を伐採から始まる一連のシステムとみなして、各工程で求められる処理速度に合った機械を導入し、また現場作業者が進捗状況に応じて材の流れをコントロールします。次節で紹介しますが、これら材の流れをコンピュータ上でシミュレーションする試みも始まっており、将来的には林地の状況に合わせて最適な作業システム構成を検討できるようになるでしょう。

流通の改善─消費者の動向を意識

流通の改善に関しては、共同販売によるサプライチェーンの構築など、様々な取り組みが始まっています。これは、A材中心の林業から、B材以下の低価格な木材の増加によって生まれた動きです。価格の高いA材中心の林業では、生産された木材をすべて木材市場に持ち込むことで十分な利益が得られました。仕分けの手間も必要ありませんから、木材市場での手数料を支払ってでも林業が成立したわけです。しかし低品質材は質より量の世界になりますので、山土場で材の行き先を細かく選別し、木材市場での手数料を節約する必要が出てきたということになります。さらに近年では、山土場ではなく中間土場（ストックヤード）を設けてここで選別し、大型トラックで輸送する動きも活発になってきています。

こうした流通の変化の中で、川上側の意識変化が顕著になってきました。それは川上側が消費者の動向を意識するようになってきたことです。やや極端に言うと、これまで川上側は木材市場の市況を元に収穫作業を計画し実行してきており、保育の際にも、それぞれの木が何に加工され、消費者に使われるのか、あまり意識することがありませんでした。これは施業体系の硬直化の原因の1つでもありましたが、今後は生産目標をより明確にし、柔軟に対応する必要が生じています。また造材作業でも、それぞれの木がどのように使われるのかを意識して処理を行うことによって、製材工程での歩留まりの向上にも繋がる可能性があります。

ただし一方で、これまで木材市場が果たしてきた森林と工場間のストック調整の役割を森林側、または工場側が担わなければならなくなります。素材生産の現場自体が、刻一刻と変化する製材品市場の市況の影響を受けやすくなるため、場合によっては工場直送用の材が引き取られずに土場に溜まったり、一時的な需要増加に対応する形で、安易な皆伐が増加したりすることになってしまう恐れもあります。これらを調整する新たなシステムとして期待されているのが、中間土場であったり、共販組織である、と位置づけることができます。

また工場と山の位置関係も重要です。理想的には、建築用材やラミナ、合板、チップ、ペレットなどの様々な工場が1つの敷地内に集まり、そこに材を一括して送ってカスケード利用するのが最も効率がよい方法です。しかし実際には、それぞれの工場の市場規模の違いから、どうしても工場は分散せざるを得ません。そのため、例えば木材市場から近い林分では、やはり従来通り木材市場に全てを搬送した方が低コストとなることもあります。これらの判断には、作業システムの工程管理と合わせ、立木の質を含めた森林資源配置と林内路網・一般道などの道路データをＧＩＳを用いて解析することが必要です。例えば各工場と山土場間の林内路網・一般道の幅員（進入できるトラックサイズと積替えの可能性など）、あるいは林分と山土場との位置関係（1日に何往復できるか）などを解析して、それぞれの林分に最も適した集荷体制を整える必要があります。

林地の集約化─各林分に適した投資・回収方法の検討

最後に林地の集約化ですが、これは生産基盤の確立の上で最も重要です。日本林業全体として考えると、人件費の高騰による労働集約化産業から資本集約化産業への移行は避けられず、林業経営における固定費増大に対応するために事業量を拡大しなければなりません。つまり、建築用材をメインにした高付加価値材を生産する林分はともかく、並材の生産を主目的とする林分では、林地の作業ロットを大きくし、高価な林業機械の本来の処理能力を活かした作業システムを構築しなければなりません。

しかしここで大きな問題が生じます。日本のような地形が複雑な森林では、仮に30～50haの経営団地を確保したとしても、そのエリア内には様々な林分が含まれてしまいます。所有者が異なれば、地形や地質も異なる場合もあり、それぞれの林分に適した作業システムが異なってしまう可能性も高いのです。結局、集約化しても急傾斜地では伐り捨て間伐をせざるを得なかったり、比較的傾斜の緩い林分で無理に架線集材を行ったりする必要が出てきてしまいます。特に立木サイズと処理機械、作業道幅員の問題は、立木がさらに成長する次回以降の間伐で、より顕著な障害となる可能性があります。いずれにしても、集約化してできた団地内で画一的な施業を行うのではなく、各林分の現状に関する精密な情報を収集・分析し、生態学的・防災学的視点と合わせて、収穫作業におけるコスト・収益性について長期的な評価を行った上で、各林分に最も適した取り扱い、すなわち投資・回収方法について検討する必要があるのです。こうした扱いのコーディネートを行うのが、本来のフォレスターの役割となります。

これら林業における新しい体制づくりは、単に現在の森林が抱える問題への一時的な対応であってはなりません。他産業では、工程管理やスケールメリットの確保などの経営技術はすでに当然のこととなっており、ようやく林業にも導入されてきた、と認識すべきでしょう。厳しい経済情勢の中、できる限り多くの地域、林分において、生業としての林業を成立させていくには、施業体系や流通、基盤整備までも含めた林業全体の効率化、低コスト化が必要条件です。近年、広まりつつある「道端林業」でよいのか、あるいはより面的に基盤整備と作業システムの改良、改善に努め、林業が成立するエリアを広げるのかについて、十分に議論を広げることが必要です。

特に間伐未実行林分は、材質・サイズなどの利用面から、「間伐遅れ」から「間伐手遅れ」

に移行しつつあり、次回以降の間伐では間伐済み林分と同じ作業システム、製材機械を用いることができない可能性があります。齢級構成の偏りから、皆伐再造林の必要性も叫ばれる中、単純に間伐や皆伐を推し進めるだけでなく、将来を見据えた生産基盤の確立と、将来、予想される利益に基づいた育林投資体制の確立、すなわち育林体系の見直しをしなければなりません。我々は現在、将来の林業の規模を決定する重要な岐路に立っていると認識すべきであり、個人や事業体、地域、さらには国家レベルにおいても経営、資源戦略が求められているのです。

6.4　精密林業的アプローチ

情報技術の活用

ここまで、イノベーションの方向性として、主に作業システムの観点から議論してきました。今後の林業では、林業の長期性の中で社会の需要をいかに柔軟に汲み取れるか、さらに、各林分への投資と収益の予測をいかに正確に行い経営に活かせるか、その見極めが重要となります。経済的持続性が確立できない地域、林分では、林業はあくまで森林管理業としてしか成立し得ないことは、日本の森林管理の歴史が物語っています。

それではこれからの時代、イノベーションの基礎となるものは何でしょうか？　私は情報技術の活用にあると考えています。森林における情報の重要さは古くから指摘されており、様々な研究も行われてきていますが、実際の現場にはほとんど活かされてきませんでした。例えば高解像度の衛星データが簡単に手に入るようになっても、林業の現場ではそれを眺める程度にしか利用されていません。しかし産業としての林業を成立させる、すなわち経済的持続可能性を確保するためには、育林などの投資と木材生産による収益（補助金を含む）とのバランスをよく検討し、その曖昧さ（賭）の要素を少しでも減らしていくことが求められます。この曖昧さは、近年の情報技術のさらなる発達と林業への応用を考えることにより、解消できる可能性があるのです。

林地の特性に合わせる「精密林業」

情報を活用した林業のあり方として、「精密林業」という考え方があります。精密林業と聞いて、「精密農業」を思い浮かべる方は多いと思います。一時期、ＧＰＳを用いたトラクタの自動運転などがメディアに取り上げられたことがあり、単に「ハイテク機器を用いた農地の省力・大規模化」ととらえている方もおられるかもしれませんが、正確には、『土壌条件や気象条件などの各種情報を精密に収集・分析し、それぞれの区画に適した管理（施肥量の決定など）を行うことにより、農薬使用量の削減や高精度な収量予測によって生産性の向上と環境保全の両立を目指すもの』で、現在では特にその環境保全に対する貢献が注目されています。精密林業はその林業版で、『先端技術を駆使して精密な情報を収集し、立地の特性に合わせて意思決定と実際の施業、林産物の管理を効率的に行うもの』と定義されています。これらは持続的に木材生産を行ってきた日本の林業経営者にとっては当たり前のことかもしれませんが、「林地の特性に合わせて（site-specific）」という部分に精密林業の本質があります。

概念上だけではなく実際に林地の状況に合わせた森林管理を行おうとすれば、林地に関する詳細な情報収集と分析が必要になりますが、精密林業での「情報」とは、林況や土壌など立木やその成長に関する情報だけではなく、土壌流出の危険性や野生生物への影響など、ある施業を行った場合に周辺環境に与える影響の評価に必要な情報も含まれます。さらに林地に関する情報だけではなく、林産物の加工・流通段階における生産地・生産者の情報も対象とされ、特に林産物を効率的に無駄なく使うためにも、立木や製品のタグ付け等、生産から流通段階での情報の伝達が重要課題の1つとされています。

こうした精密林業の概念はすでに20年近く前から提唱されているものですが、近年では技術

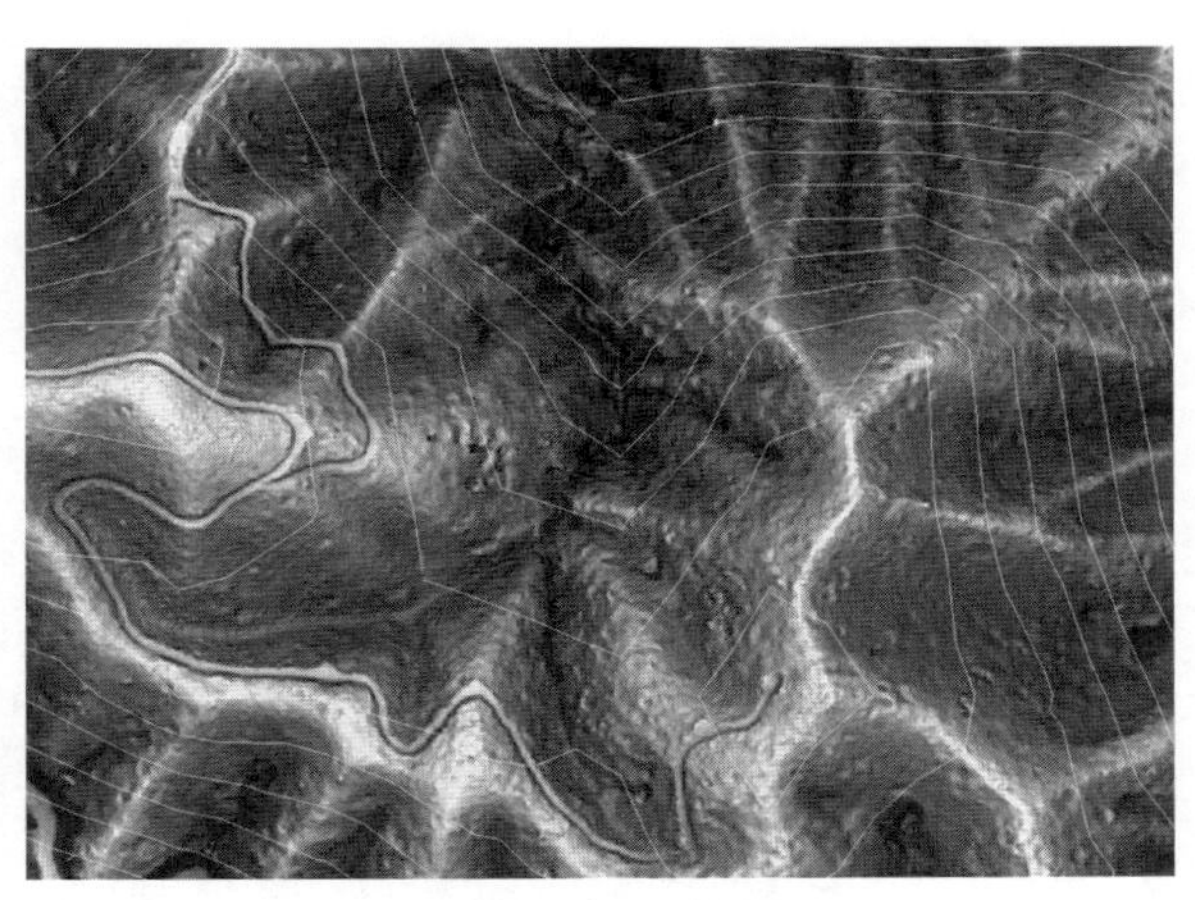

図 46　LiDAR データで表現された微地形

の発達により、実際に森林でも高解像度の衛星データや航空機 LiDAR データ、林内でのレーザースキャナデータなどが手軽に取得できるようになってきており、これらのデータは従来の森林簿や森林基本図とは比べものにならないくらいの精度を有しています。図46は京都大学の芦生研究林でヘリコプターによって取得したレーザーデータから作成した地形データに、50 mメッシュの国土地理院地形図の等高線を重ねたものですが、従来の等高線から得られる情報に比べ、遙かに高精度であることがわかります。こうした精密な森林情報の活用によって、例えば路網作設の際の危険地の抽出や土量計算、さらには伐採前に立木の矢高を測定して、伐出される木材の材質を把握しておくことなども可能になりつつあります。

流通における情報の活用

また加工・流通段階における情報伝達も重要で、サプライチェーンの確立になくてはならないものとなっています。サプライチェーンマネージメント（ＳＣＭ）は各産業分野で重点課題として議論されており、近年のスピードを求められる流通においては、まだまだ発展途上の分野となっています。サプライチェーンとは、原料の調達から加工、消費者への販売までを一貫した流れで捉えるものですが、サプライチェーンの端から端までの各段階では、多くの企業や部署が関わっています。これまでは原料や半製品、製品を動かす度に、書面で伝票を作って取引に使用されてきましたが、ＳＣＭでは伝票を標準化し、電子化することによって情報を共有し、経費の削減だけでなく、需要変動などに素早く対応した体制が構築されます。

林業の場合では、工務店などの川下、製材工場などの川中、林業の現場である川上が一体となって、その需要動向や木材の調達を行うことによって、一体的に機能させるという方向になります。森林は倉庫となり、林業は需要に対応して倉庫に在庫を取りに行く、とイメージすることができます。最近では大手通販会社が顧客の情報を収集し、次に顧客が発注しそうな商品を発注前に予測して出荷する（その顧客の近くの倉庫まで輸送しておく）システムの特許を取ったという報道もありました。林業でもドイツの例のように、木材を基幹林道脇で取引し、その情報を把握しておくことによって林道端を倉庫として使用する、という形態があり、通販会社の例と通じるものがあります。中間土場も同様の機能を目指すものといえるでしょう。

こうした流通に関しても、精密な森林資源および道路に関する情報があれば、シミュレーション手法を用いて改善の方法を予測することができます。例えば筆者も兵庫県の事業の一環として、信州大学の白澤紘明氏（当時、京都大学）を中心に、最も流通効率が高くなる中間土場の設置効果や配置に関して分析を行っています（森林利用学会誌28(1)、29(2)など）。

森林が通常の倉庫と異なる点は、立木が太陽の光を浴びて成長することです。もちろん、間伐遅れなどで「商品」が劣化することもありますが、適切に管理されている森林は、「勝手に商品の付加価値が上がる魔法の倉庫」という見方もできるわけです。ただし、どのような品質の商品がどのくらいの量、倉庫に入っているか、その商品を出荷するにはどのくらいの経費と日数が掛かるか、について把握しておくことは、大変重要です。これは他産業においても在庫管理、「棚卸」として定期的に行われる大変重要な業務となっています。通常の企業では、在庫はそれだけでスペースを圧迫しますので、長期間販売できず、今後も販売できない在庫を「不良在庫」として処分しなければ、経営を圧迫することになります。いずれにせよ、経済活動を行う上では、「在庫がどのくらいあるか、その価値はどの程度であるか」を把握しておかなければ、サプライチェーンの構築はできません。林業でのSCMのためには、リモートセンシングなどの技術を用いて精度の高い森林情報を定期的に収集し、解析していくことが重要になると考えられます。

精度の高い情報を活用する仕組み

広大な森林では、その位置情報はすべての基本情報となります。測量は長年、林業を行う上での基本業務となってきましたが、これも大きく変わりつつあります。近年では森林でもGPS受信機が普及し、測量や位置確認などに使用されるようになってきました。森林内では樹幹や樹冠、地形などが障害物となり信号が劣化するため、利用可能な衛星数が減少し、まだまだ精密な測位が難しい状況ですが、近年はアメリカのGPSのほか、ロシアのGLONASS、EUのGalileo、中国のBeidouなどの新たな衛星測位システムが打ち上がりました。さらに日本でもQZSS（みちびき、準天頂衛星）の整備が開始され、森林内での使い勝手と測位精度も向上しています。

筆者が林内各地点で１・５時間の受信試験を４回ずつ繰り返して行ったところ、尾根に近い場所の密なスギ人工林では最大26個、平均18・６個の衛星が捕捉でき、谷筋斜面の密なスギ人工林でも常に４個以上、最大19個、平均10・９個の衛星が捕捉できました。谷筋の林分ではＧＰＳ衛星だけの場合平均４・５個、衛星が３個以下となる時間帯が34％ありました。多くの衛星を利用することによって衛星配置（ＰＤＯＰ）も改善されますので、測位精度も飛躍的に向上しています。

さらに、こうした精度の高い情報を活用する仕組みも本格化しています。林野庁では２０１３（平成25）年から「森林情報高度利活用技術開発事業」として、詳細な森林情報を「森林クラウド」として活用する仕組みの構築を始めています。現在はデータ形式の標準化と実証試験が行われている段階ですが、最終的には、自治体や林業事業体、製材業者等が、様々なクラウド事業者が提供する詳細な森林情報や解析ツールを利用して、森林整備や木材生産の計画と実行、流通管理などが行われるようになる見込みです。

ただし、詳細な情報の生成や加工、管理には大きなコストがかかります。林業用途だけでなく防災や公益的機能の発揮と合わせ、官民一体となった情報活用のための新たな枠組みも構築していく必要があります。

森林管理単位の概念を覆す可能性

こうした精密林業は、森林の情報管理単位を小さくし、従来の小班などの面的な管理単位の概念を覆す可能性を秘めています。これまで岩石地などの林業不適地は、除地として図面に示されるだけであることも多かったですが、こうした除地のほか、希少動植物の生息地を施業対象地から除外したり、同時に植えた一斉人工林の中でも立木の成長の異なる場所や林内路網からの距離によって、異なる生産目標と施業体系を設定したりすることも可能になっていくでしょう。現在では単木管理というところまで実現可能になってきており、精密な林木に関する情報と各種のセンサを組み合わせた林業機械の自動走行も、いよいよ現実的なものとなりつつあります。

精度の高い情報といっても、現地を見てみないと判断できない状況はこれからもしばらく続くとは思われますが、少なくとも精度の高い情報を元にした机上での計画（路網計画や伐採計画）などを精度高く現地に反映させること、実際に施業を行った場所をデータ化すること、立木を在庫として捉えてＳＣＭに活用することが、精密林業という概念を通し、情報技術と位置制御技術を活用していくことによって可能となっていくかもしれません。

6.5　精密林業の観点から提案型集約化施業を考える

見積もり制度の向上

こうした精密林業的アプローチは、決して机上の未来像ではありません。例として、提案型集約化施業で有名な日吉町森林組合（京都府）の例で考えてみます。

日吉町森林組合では、間伐を行う団地を設定し、区域内の各森林所有者に「森林施業プラン」を提示します。森林施業プランでは、所有者ごとに面積、林齢、立木密度、伐採する木の平均胸高直径などと合わせ、現状の図面と写真、除間伐にかかる経費、造材搬出費、作業路開設費などの経費と補助金、木材の売り上げ見込額が円単位で細かく記述され、最終的な負担額または返却額が提示されます。また、特記事項や要望欄などもあります。施業完了後は、実際にかかった経費および補助金、売り上げの詳細と、完了後の写真が「完了報告書」として所有者に配布されます。

このように、施業の詳細を図面や写真でビジュアル化するとともに、詳細な経費見積もりと収入計画を立案するのは、大変面倒かつ困難な作業です。現地での境界確定作業のほか、実施しようとする間伐に関して具体的に路網計画を立て、それぞれの林分にかかる経費と売上げを試算しなければなりません。見積もり額と実績が全く異なれば、場合によっては組合が赤字額を負担しなければならず、所有者の信頼も得られないでしょう。

日吉町森林組合では、所有者区分ごとにレーザー距離計を使用した円形プロット調査によって立木情報を収集し、また施業においても、伐倒作業、集材作業、造材作業、運材作業などの作業ごとに、各作業者が自らの生産性を計測し、どういった林分ではどのくらいの人工数がかかるか、というデータを収集し、見積もり精度を向上させています。

森林所有者の意向も「精密情報」

以前、日吉町森林組合の全組合員（個人のみ785人）を対象に、アンケート調査を行わせていただく機会がありました。回答が得られた276人の方を集計すると、森林所有者は以下の6つのグループに類型化できることがわかりました。

(1)所有林を本人が管理していて管理が十分にできている（17％）
(2)所有林を本人が管理していて管理不十分となっている（24％）
(3)所有林の管理を他人に任せていて、管理十分（相続）（10％）

(4)所有林の管理を他人に任せていて、管理十分（購入）（6％）
(5)所有林の管理を他人に任せていて、管理不十分（相続）（35％）
(6)所有林の管理を他人に任せていて、管理不十分（購入）（9％）

これらの森林所有者は、それぞれに考えていることが異なります。(1)の皆さんは施業方法にこだわりがありますが、作業道は欲しいと考えておられます。(2)は施業意欲はあるが、コスト・労力面で管理不足になってしまった方々です。(3)は先祖代々の森林で将来の収入に対する期待が大きく、また(4)は森林経営に最も積極的で、作業道も欲しいし将来の収益も重視されます。(5)は不在村の方が多く、木材生産意欲が低く収益も期待していない方々です。自分の所有林がどこにあるのか把握してない方も多くおられます。(6)には施業意欲は高いがコスト面から経営を諦めた方が多くおられます。こうした様々な考え方を持った方々から、どうして日吉町森林組合は施業委託を取り付けることができたのでしょうか？

改めて森林施業プランの記述項目を見ますと、写真や図面、林分状況を掲載しています。施業に関心のない(5)の方々は自分の所有林の位置や間伐遅れとなった現状を見て、これではいけない、と思うでしょう。また詳細な明細や所有者負担がほとんどない間伐によって、コスト面で問題を抱えていた(2)(6)の方々は喜ばれます。所有林の施業方法にこだわりを持っている(1)の皆さんも、要望欄でその内容を伝えることができます。また日吉町森林組合では、下層間伐を基本とし、作業道周辺の木には保護カバーを掛けるなど、丁寧な作業が行われていますので、将来の収入を期待されている(3)(4)の方々も納得されます。

このように、日吉町森林組合で使用されている森林施業プランは、様々な立場の森林所有者に対応できるように作られており、施業結果に対して満足されている方の比率は、いずれのグループでも85%以上と、多くの森林所有者に満足される結果となっています。日吉町では、積極的に林業を続けておられる(1)(3)(4)の方の比率は合計33%で、比較的、施業委託を受けやすい環境にあるのかもしれませんが、こうした森林所有者の意向も森林管理を行う上での「精密情報」とも位置づけられ、それを分析して的確に答えていくことが重要になると思われます。

日吉町森林組合では多数の視察や研修を受入れていますが、中には「日吉町だからできることでうちでは無理」という声も聞かれます。確かに日吉町にはこだわりのある森林所有者が比較的少なく、また町内で行われたダム建設の際に多くの重機を導入できたこと、町内の地形が比較的緩いため高密路網が作設しやすい環境であったこと、など、他地域に比べて有利の点があるのは確かです。しかし日吉町森林組合の事業の本質は、できる限り詳細な森林情報や所有者情報を収集し、林分ごとに精度の高い施業に関するコスト管理を行うことによって、林分ごとの現状に合わせた施業を計画する点にあります。これはまさに精密林業的アプローチであり、この考え方をそれぞれの地域の事情に合わせてカスタマイズしていくことが、森林所有者の信頼が得られる持続的な森林管理方法の確立に繋がるのです。

第7章

イノベーションのための人材育成と組織づくり

イノベーションには将来予測が欠かせませんので、少なからず賭に近い要素があります。賭に勝つ確率を上げる方法としては、リスクマネジメントという経営手法があることはすでに説明しました。しかし、もっと柔軟で多方面での価値が高い方法があります。それは人材育成です。

林業に限らず、様々な分野でのイノベーションやプロジェクトの陰には、キーパーソンとそれを支える人々の存在があります。新たなアイデアを出し、それを実行していく上では、いくら組織だった委員会を立ち上げて、有識者と呼ばれる先生方に意見してもらっても、良いものができるとは限りません。むしろうまくやろうとすればするほど、イノベーションとは無縁な、無難なところに落ち着くことの方が多いのではないでしょうか？　やはり現場に近い場所で、問題点を明確に把握、分析し、克服していく人材の存在が最も重要になるのです。

そこで本章では、これからの林業でのイノベーションにおいて欠かせない人材像と、そうした人材を育成するための組織について考えてみたいと思います。

7.1　生産者としての林業の人材

イノベーションのためのキーパーソンの育成

　林業における人材育成として、林野庁は「森林・林業再生プラン」に呼応する形で、２０１０（平成22）年に「人材育成マスタープラン」を策定しています。この中では、「フォレスター」「森林施業プランナー」「森林作業道作設オペレータ、林業専用道設計者・監督者」「フォレストワーカー（林業作業士）、フォレストリーダー（現場責任者）、フォレストマネージャー（統括現場管理責任者）」など、これからの林業における担い手が設定され、全国で研修などが実施されています。

　これらは、市町村森林整備計画や森林経営計画の立案や実行する上では、幅広い技術を有する技術者と、それを実行する技能を持つ技術者が必要である、という観点に基づくものであり、大変有意義で具体性を持ったものかとは思いますが、あくまで『造林・保育による資源の造成期から間伐や主伐による資源の利用期に移行する段階にある我が国の森林資源を有効に活用し、かつ適切に保全し得る人材の確保』（人材育成マスタープランより）が主目的とされており、地域に合った形でのイノベーションを起こすための「キーパーソン」という位置づけではありません。そこで改めて、これからの林業の担い手にはどのような人材が必要なのかについて整理してみましょう。

細やかな消費者への配慮からイノベーションが生まれる

森林における生産や森林管理においては、利害関係者、つまりステークホルダーとして、川上では森林所有者および林業事業体と林業従事者、川中では木材市場や製材工場などの事業者、川下では工務店や施主や商品購入者、さらに木材に直接関わらない存在として、公益的機能の受益者である地域住民、漁業団体、国民、環境団体など、様々な方がおられます。この中で川上の森林所有者や林業事業体、林業従事者は「生産者」であり「消費者」でもあります。また川中、川下や、公益的機能の受益者は「消費者」という位置づけになります。森林管理は広範囲、長期間にわたって、多くの人々に影響を与えるのが特徴で、「生産者」は木材を使う人だけではなく、森林に関わっている人々を「消費者」と捉え、すべての立場に配慮することが求められます。

生産者の役割、存在意義は、消費者が満足するものをいかに安く届けるか、安全に届けるか、という点にあります。消費者は生産者にとっての顧客であり、生産者は消費者あってこその存在ですから、「消費者をいかにして満足させられるか」という部分を常に意識しておかないといけません。消費者が何を求めているか、あるいは消費者にいかにして新しい価値を提供するか、ということを考えなければならない訳です。

それでは、近年の「消費者の満足」というのはどういうところにあるでしょうか。これも持続可能性と同様に、経済性、環境性、社会性の観点から考えてみましょう。

まずは経済性で、これには2つの側面があります。森林所有者にとっては、現在および将来において、所有林をなんとか経済的に持続可能な状況にしたいでしょう。そのために生産者は、間伐、主伐も含めて長期的な収益予測をしっかり行った上で、採算のとれる施業を行わなければなりません。収支予測の精度を上げることも重要で、見積もりの精度が悪ければ、所有者からの信頼を失ったり、生産者自身の経営が悪化します。また木材を購入する人々にとっては、用途に合った品質の木材をいかに安く（リーズナブルに）買えるかを考えるでしょう。現在、将来の消費者に対して、どれだけ良いものを安く届けるか、という感覚が必要になります。

第2に環境性です。公益的機能の関心が高まっている中で、木を伐ることの環境への影響への配慮もやはり求められています。例えば水質や動植物の多様性、土壌保全などで、特に現在は上流域の河川への流入物質、つまり栄養塩や腐食物質、土砂などが注目される時代になっています。近年はシカが増えていることもあって決して林業だけに責任があるわけではありませんが、川が濁ってアユがまずくなったと文句を言われるようなことのないようにしなければなりません。

第3に社会性です。森林所有者の多くは、収入だけでなく、森林が荒れて周辺に迷惑が掛かるのではないか、と心配されています。地域住民の方は、雇用や過疎、地域文化の継続、生活環境の改善を考えているでしょう。さらに広く国民全体としては、より大きく、環境問題の中での森林や林業に関心を持たれています。

このように森林における生産者は、消費者の対象が幅広く、多様な消費者の意向を十分に吟味し、対応していかなければなりません。どれか一辺倒にならずにバランスをとり、折り合いをつけていくということを考えられる人材が必要となってくるということです。また、こうしたきめ細やかな消費者への配慮の中から、商品の新しい価値、すなわちイノベーションが生まれる余地が出てくるのです。

7.2 組織の重要性

イノベーションを生む組織とは

イノベーションが生まれる背景には、組織の体制も大きく関わっています。硬直化した組織では新しいアイデアは出てきませんし、もしも組織内に素晴らしいアイデアを持った人材が現れても、組織が柔軟に対応し、それまでのやり方を変えなければ、どんなに良いアイデアであったとしても実現しないでしょう。新しいアイデアの実行には、様々な障害がつきものですので、それを組織がバックアップして乗り越える必要があります。経営者の代替わりなどをきっかけにしてイノベーションが起こることもありますが、逆に無理に経営者が突っ走って、従業員がついて行けなかったり、経営改善を図るために保守的になり、組織が硬直化してしまうこともあります。

イノベーションを生む組織づくりのためには、組織の構成員各人が、その業務内容に対してやりがいを持ち、組織の方向性に対して共感することが欠かせません。これはすなわち、構成員が職場に満足しているか、満足していない場合には不満を解消するためにどう取り組むか、ということを考えなければなりません。そうでなければ、アイデアを出そうという意欲も、それを実現しようという意欲も生まれてこないからです。

ＥＳ（従業員満足度）

満足度を把握するには、ＥＳ調査という方法があります。ＥＳとは「従業員満足度（Employee Satisfaction）」のことで、ＥＳ調査では組織の方針など様々な項目について、従業員がどの程度満足しているかを分析します。ＥＳはＣＳ（顧客満足度：Customer Satisfaction）と並んで現在の企業一般で重視されている情報で、ＥＳが高い組織は離職率が低く、組織が活性化します。一般に、ＥＳを高めて従業員が生き生きと働くことによって、ＣＳ、つまり顧客の満足度も高くなりますので、様々な産業でＥＳが注目されているのです。

例として、岐阜県森林文化アカデミーの杉本和也氏（当時、京都大学）を中心に、京都府森林組合連合会の事業の一環として行ったＥＳ調査についてご紹介しましょう。杉本氏はさらに調査対象を広げた研究を行っています（森林利用学会誌26(2)など）が、ここで紹介する例では、14森林組合の99名の職員を対象にしたアンケート調査が行われました。年齢別に、月給、日給、出来高という給与別でどのぐらい総合的に満足しているかを見ますと（図47）、20歳代、30歳代の方は月給制の方の満足度が低いという結果が出ています。14組合だけの調査ですので一般

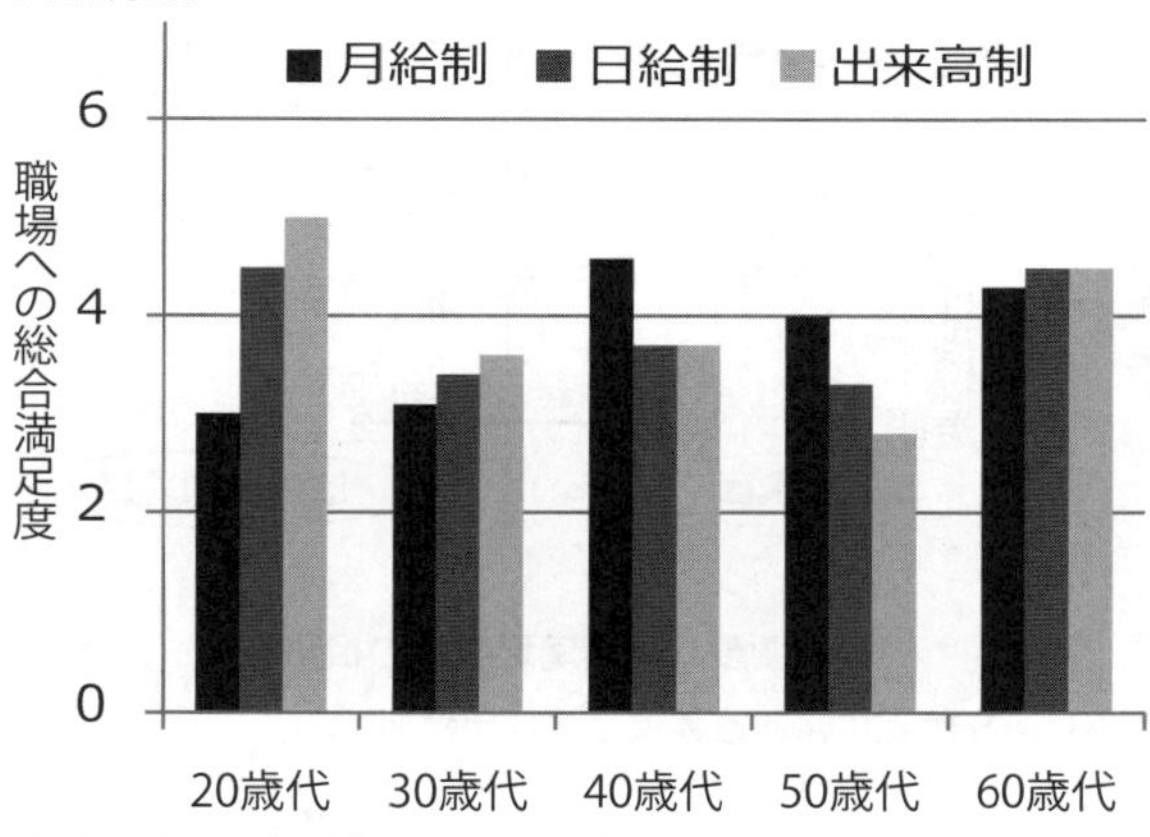

図47　給与体系別の総合満足度

的な傾向とは言い切れませんが、恐らく「ほかの産業に比べて仕事がきついのに給料が安い」と思われているのでしょう。一方40歳代、50歳代の方は日給制と出来高の方の満足度が低い結果となっています。「収入の不安定さ」や「ライフステージに合った収入にならないのがつらい」といった状況になっているのかもしれません。60歳代の方は全般的に満足度が高い結果になりました。

「組織への愛着」「経営方針への共感度」

こうしたデータをさらに細かく解析し、総合満足度とそれぞれの満足度の相関、つまり何が総合満足度に影響を与えているのかを調べると、組織が改善すべき点が見えてきます

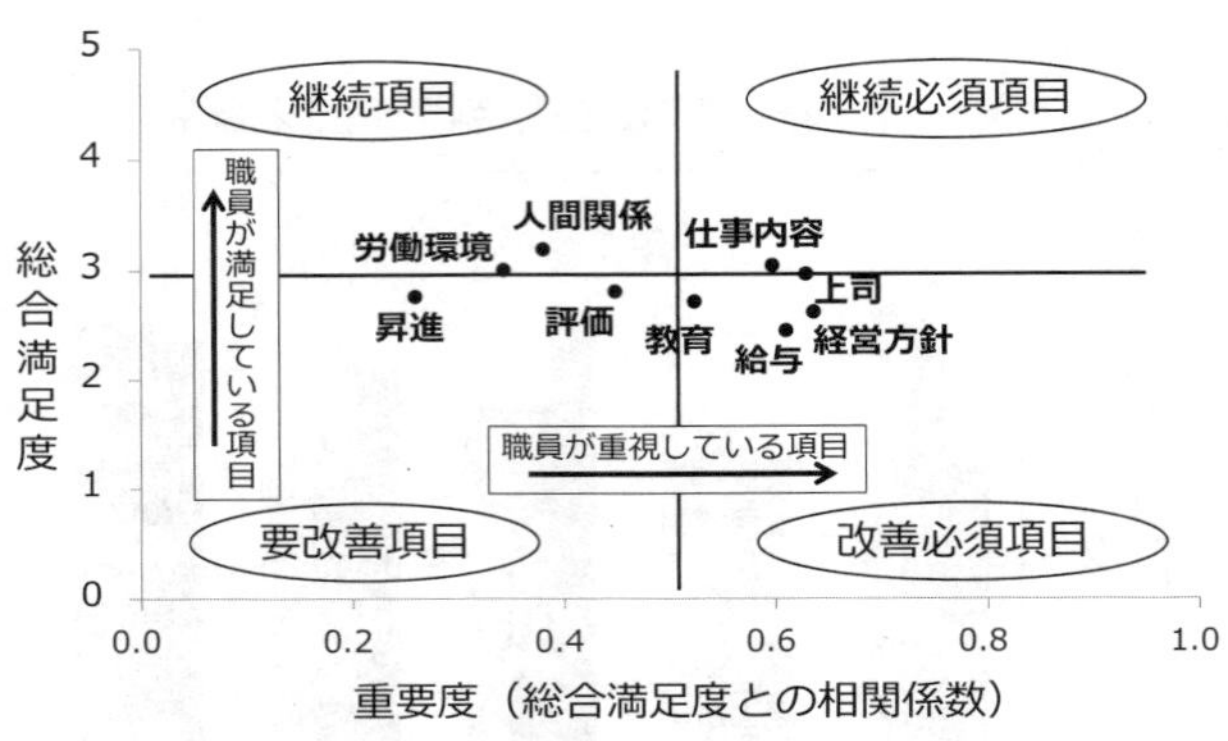

図 48　ES 調査による改善項目の抽出例

（図48）。この調査例では、「経営方針」「給与」「教育」などが『総合満足度と関係が高いのに満足度が低い項目』という結果となりました。つまりこれらの項目が、職員、特に後継者の方を育てる上で重要になってくると理解できます。

ただし森林組合によっても満足度自体が全く異なります。この調査でも２つの森林組合では全従業員が完璧に満足されていましたが、全員不満だったような森林組合もあり、組織によって状況は異なる結果となりました。実際には、自らの組織での満足度を把握し、満足度を上げるためには何が必要なのか、組織ごとに個別に考え、組織を改善していくことが必要になります。こうした分析による組織の問題点の認識と、改善は、職員の質の高い仕事を引き出すとともに、イノベーションを起こすきっかけにも

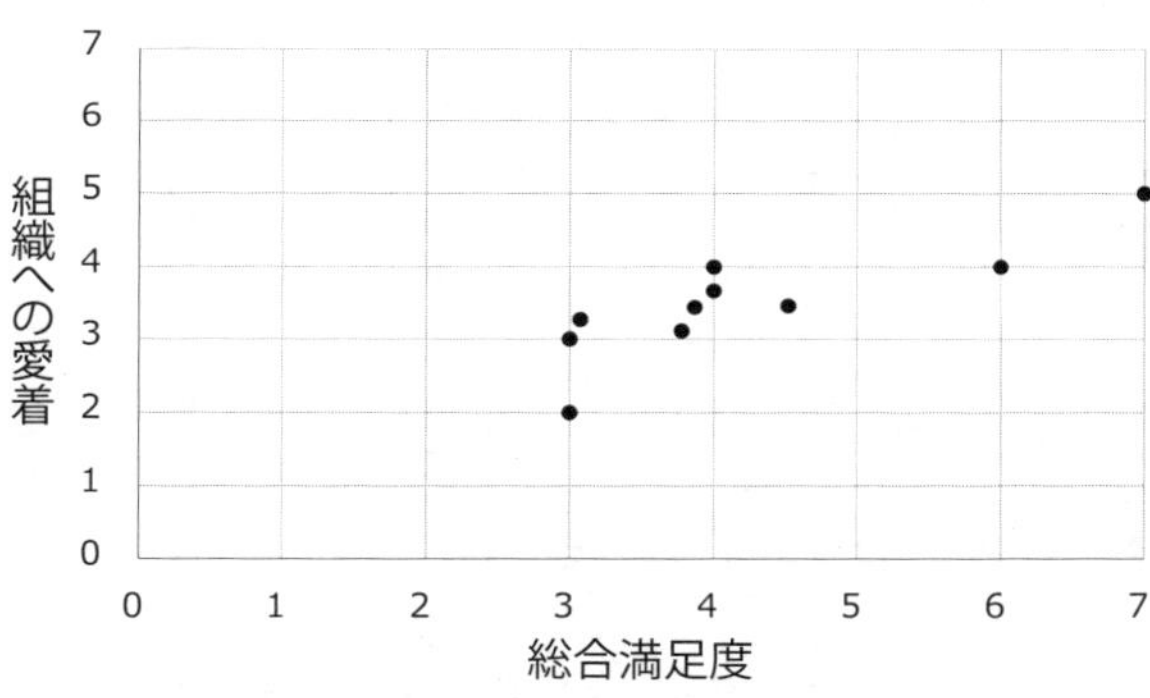

図 49　総合満足度と組織への愛着の関係

なっていきます。

１つ共通していえるのは、総合満足度は「組織への愛着」と非常に相関が高いことです（図49）。つまり満足が高ければ組織へ愛着が高まるという傾向があります。ということは、働いている方に満足してもらえれば組織への愛着が出てくる、離職率が低下しイノベーションに関するアイデアも出やすくなる、ということです。また「経営方針への共感度」も総合満足度と高い相関を持つことも明らかとなっており、経営者が組織として、どのような社会的理念を持って事業に取り組むのか、という点を明確にし、職員と共有することも大変重要となっているようです。

7.3 様々な人材の活用

多くの判断をこなすことができる人材

かつて林業の現場で働く方々は、単なる労務者という扱いで、例えば木を伐るスピードや丁寧さなど、多くの仕事の中での限られた技能が求められる世界でした。しかし近年は労働集約化から資本集約化への転換を余儀なくされ、林業機械を購入して人を減らさざるを得ない時代になっています。例えばかつての集材現場では6～10人1組という単位で動くこともありましたが、CTL（短幹集材）ではハーベスタとフォワーダの各オペレータ2人が原則となりますし、近年のタワーヤーダによる集材作業も、自動走行機能やオートチョーカの装備などによって、プロセッサオペレータと荷掛手の2人で作業が行えるようになっています。

一方で林業の現場で判断すべきことは、時代とともに複雑化しています。作業システムに関する方法、施業が林木・林地に与える影響などの林学的知識はもとより、地質や動植物管理に関しては理学的知識が必要となってきていますし、木材の用途や路網整備、林業機械のメンテナンス、工程管理、情報管理などでは工学的知識、森林経営や売払いに関しては経済学的知識、境界管理や相続税などでは法学的知識、地域の伝統文化や歴史、地域社会については文学的知識、環境教育については教育学的知識などが関係します。近年では森林セラピーなど医学的な関わりも持っています。

現場での人員が減る中、現場で働く方々はこれらの多くに精通し、多くの判断を1人でこなさなければならない状況になってきています。例えば路網作設オペレータは、壊れないよう頑丈に路網を仕上げながら、森林所有者の境界に配慮し、作った道によって集材効率がどのように変化するか考え、同時に予定線上の希少動植物のことまで考えなければなりません。ハーベスタのオペレータも、どの木をどういう順番で伐るか、伐った後、材質をみながら市況に応じてどのように採材をするか、など、様々な判断を同時、かつ瞬時に行う必要があります。林業従事者はもはや単なる林業労務者ではなく、林業技術者として森林を管理し、資源を活用していく上で、様々なことを考慮できる人材であることが求められています。

イノベーションの種

もちろん、これらすべてについて1人の人間が精通することはできませんし、それぞれの職種によって求められる知識は異なります。ただ、林業には幅広い年代の新規就業者がおり、中には様々な職業経験を持った方もいます。特に、I、J、Uターンの方は、それまで全く異なる職種の第一線で活躍してきた方も多く、塾講師であったり、カメラマンであったり、企業のシステムエンジニアだったり、経歴は様々です。多くの場合、その経験を白紙に戻して、一から林業技術者としての教育を受け、林業の現場で働かれますが、実はその中にイノベーションの種があります。

森林管理は非常に幅広い分野と関係性がありますから、無関係な仕事を探す方が難しいくらいで、どのような職業経験でも林業に役立てることができます。例えば自動車の運転技術に長けた人は機械オペレータに向いているでしょうし、集約化や木材販売では営業能力というスキルが重要となります。表計算ソフトをうまく使いこなすことができる人は、施業の見積もりやシミュレーションを事業体に合うようカスタマイズできるでしょう。つまり林業は、どんな人でもその得意分野を活かしうる、貴重な職場であるといえます。様々な人材が集まる林業分野では、これまでと全く異なった価値観が持ち込まれやすいですから、実はイノベーションのためのアイデアを出しやすい環境にあるとも捉えることができます。機械導入によって女性が働きやすい現場になってきたことも、イノベーションを生む素地となるかもしれません。

ただし、それぞれの人の適正を見極め、適材適所の人材配置を行えるかどうかについては、組織の体制にかかっています。優れた人材がいても、その能力を十分に発揮できる柔軟な職場環境でなければなりません。またES調査の例が示すとおり、給与や福祉について考慮することも重要です。でなければ、優秀な人材は他の産業にすぐに流出してしまいます。そもそも林業機械の導入で人員が減り、1人当たりの業務内容も増えるのですから、本来はその分、残った人の給与を上げることは当然であると考えるべきです。現在の経済環境ですぐに対応することは難しいと思いますが、低コスト化によって森林所有者への返金を多くするのと同じくらい、これは重要な考え方です。近年では、共働きも普通のことになってきましたから、雇用先の少ない地域では、例えば夫婦揃って雇用して育児用施設も併設するなど、仕事だけでなくライフスタイル自体を提案していくことも必要になってくるでしょう。

持続的イノベーションに必要な個人のスキルアップ

また、職員が高いコスト意識や、現在の職務内容に関する問題意識を持てるようにすることもイノベーションを起こす上での重要な要素となります。例えば毎日、同じような仕事を同じように続けるだけでは、持続的イノベーションは生まれません。昨日までとは違った少しの工夫の積み重ねこそが、持続的イノベーションそのものだからです。例えば毎日の自分の仕事量を把握する仕組みや作業班同士の定期的なミーティングは、課題と工夫の発見に繋がります。

持続的イノベーションでは、個人のスキルアップも欠かせません。各種の講習を受けられる体制ももちろん必要ですが、そのためのモチベーションづくりも重要となります。例えば京都府では、各種の資格や実務経験を組み合わせた「林業の星」制度の創設が検討されています。これは林業技能士としての資格制度で、検定試験や各種の研修受講をとおして3級（1つ星）から特級（4つ星）までのランク付けを行い、「ハーベスタオペレータの匠」や「伐採の匠」などを育成しようとするものです。

林業では様々な技術、技能が求められますから、例えば細かく資格を設定して、取得した資格の組み合わせによって、○○の匠、などの称号を得られるような形にすれば、若い人が楽しみながらスキルアップできるような体制が構築できるかもしれません。

7.4　林業における人材の将来像

地域の人々を幸せにする地域社会のコンサルタント

これからの林業を担う人材に求められる、様々な分野の多様な知識や技術は、何のためのどのような技術でしょうか？　それは『森林という、地域を支える非常に重要かつ貴重な資源を活用するための技術』です。つまり、森林という地域の資産を活用する手段が林業であり、林業を通していかに持続的に森林を資産運用していくのか、という視点をもつことが、イノベーションの鍵となります。

それではなぜ地域で資産運用が必要なのでしょうか？　それは単に稼ぐためだけではありません。人間という生き物が、色々と辛い思いもしながら、それでも生きていく理由は、『幸せに生きたい』という欲求があるからです。愛着を持った地域の中で幸せに暮らす、ということができれば、それは人間として最大の喜びとなるでしょう。林業は人が地域で幸せに生きるための、地域の資産運用手段であり、様々な森林生態系サービスを地域に暮らす人々に仲介する職業なのです。

つまり林業というのは『地域の人々をいかに幸せにするのか』ということをベースに行わなければなりません。林業を担う人材は、地域の人々を幸せにする地域社会のコンサルタントであり、また林業における人材育成とは、地域社会の運営に関するプロフェッショナルの育成である、と捉える必要があります。

最近は大学でもよく『グローバル人材の育成が重要』などといわれていますが、そのベースにはローカル人材があります。すなわち、地域社会が独自の伝統文化を維持しながら幸せに生きている、という姿があってこそはじめて日本文化という概念が成立します。グローバル人材は、ローカル人材がつくる日本文化を背負ってこそ、ようやく世界に飛び出していけるわけです。

林業における人材は、地域、そして日本社会の未来を担うキーパーソンです。地域社会運営のプロフェッショナルである林業技術者をいかに育成し、地域社会で人が幸せに生きるためのイノベーションを起こす環境を構築するか、という点が、林業イノベーションについて考える上で最も重要な視点ではないかと思います。

第8章

おわりに〜豊かな森へ

ここまで、日本の林業の現状、歴史、将来を展望し、イノベーションの方向性や組織のあり方について見てきました。日本林業の現状では、とにかく低コスト化によって国際競争力を上げる、という経済的持続性の確保が最優先課題であることは間違いないことではありますが、林業という長期にわたる産業の持続可能性を確立する上では、より長期的視点をもとにした林業のあり方への転換、すなわちイノベーションを考えていく必要があります。

特に2011（平成23）年の東日本大震災以降、脱原発に関する議論が活発となり、原油価格も不安定になっています。これまでのように日本は豊かな経済力を背景に、化石燃料や原子力をふんだんに利用することによって、森林は保護しておく、という状況ではなくなってきており、まさにパラダイムシフトが起こりつつあります。高度経済成長時代の木材増産を意図した拡大造林では、現在では経済環境、すなわち需要の変化を見誤ったようにみえますが、逆によくぞ植栽してくれた、とその事業をたたえる日も近いのかもしれません。

林業をベースに社会構造を変革していくチャンス

今、我々に必要なことは、子や孫のためにどのような社会を構築するか、そしてその社会の中で、森林をはじめとする自然界から、どのような生態系サービスを享受する林業の仕組みを作るか、ということです。世界的に厳しい経済情勢が続く中、数十年先を見通して変革していくのは大変なことですが、逆にこれは林業をベースに社会構造を変革していくチャンスでもあります。日本はその長い歴史の中で、時には資源として森林を破壊し、時にはその重要性を再確認して森林を再生しながら、森林を暮らしの中に取り込んでうまく社会システムを変化させてきました。その歴史に学びながら、新しい社会での森林との付き合い方を考えることこそが、今、求められている林業イノベーションであると思います。

本書の終わりにあたって、新たな時代の林業を考える上でヒントになりそうな事柄を挙げておきたいと思います。

8.1　森づくりと地域社会

小さな単位であるほどイノベーションも起こしやすい

森林は森林所有者や林業関係者だけのものではありません。森林は物質的にも間接的にも精神的にも、それぞれ供給サービス、調整サービス、文化的サービスという様々な形で、人間社会全般に影響を与えています。つまり森林所有者は、日本という狭い国土の一部を優先的に使用する権利を持つと同時に、日本の風土を形づくっている森林の一部を管理していく義務も有していると考えなければなりません。

そうした意味で、森林は地域の財産であり、地域全体でその「宝」を活用していく仕組みを考えていく必要があります。その取り組みの中では、政治や行政はあくまで調整役に過ぎません。市町村、都道府県、国、など大きなレベルになるほど様々な立場の人がいますから、方向性が曖昧になりやすい性質を持っています。逆に市町村や事業体など、小さな単位であるほど、目的が共通するためまとまりやすく、イノベーションも起こしやすいといえます。

芦生研究林

1つの例として、京都大学フィールド科学教育研究センター（以下、京大フィールド研）芦生研究林をご紹介します。芦生研究林は京都大学が有する現存する演習林としては最も古く、農学部が設置される2年前、1921（大正12）年に設定された約4200haの森林です。ちょうど、京都府と滋賀県、福井県の県境に位置し、約2000haが設定以来手つかずの森林となっています。演習林とはいえ、この演習林は99カ年の期間が設定された借地です。元々は9つの字（集落）の共有林で、現在は地代を地権者に支払っています。

その特徴は、樹齢１０００年と推定される台スギが林立する、日本海側のいわゆるアシウスギの分布の中心であること、日本海側の多雪地帯に多い植物と太平洋側の雪に耐性を持たない植物の分布の境界にあることなどです。アシウスギは発根性が高く、雪に対応して伏条更新をしやすいことが特徴です。スギは通常、ヒノキ等と比べて明るい場所を好みますので、天然更新を行うには高頻度の上木の伐採による光環境のコントロールを行う必要がありますが、日本海側のスギは自然状態で更新しやすい形質をもっていますので、他の広葉樹と合わせて天然更新するための技術を確立すれば、ドイツと同様の近自然的林業に近づけることが可能になるかもしれません。

さて、芦生研究林がある芦生集落では、かつては大学演習林が大きな雇用の場となっていましたが、地元雇用がほとんどなくなった今でも、２０１５（平成27）年10月31日現在、47人の方が暮らし、松上げ（火の付いたたいまつを投げ上げ、高さ約20ｍの灯籠木を点火させる幻想的な火祭り）などの伝統行事が残っています。田畑にできる平地が少ない芦生は、他の集落と同様にいつ過疎、廃村になってもおかしくない立地にありますが、こうした集落が残されている理由は、地域の方の愛着と熱意だけではありません。

山村でのイノベーションの成功例

１９６０（昭和35）年頃まで、芦生では木炭の生産が盛んでした。特に芦生研究林で生産された木炭は京都まで運ばれ、京都大学全体の木炭消費をまかなっていたといわれます。しかし燃料革命によって木炭の生産が減少し、芦生の人々も収入源を失うことになります。ここで地元の井栗登さん（故人）をはじめとする有志の皆さんは、山で取れる「なめこ」を売り出すことを考え、芦生なめこ生産組合（現、㈲芦生の里）を立ち上げられました。現在では次々と新製品を売り出し、京都一円に商品を出荷する企業となっています。まさに森林から得られる生態系サービスを元に、「新たな原料」と「新たな生産方法」を用いて「新たな製品」を開発し、「新たな市場」開拓する「新たな組織」を立ち上げられたわけですから、山村でのイノベーションの素晴らしい成功例です。

芦生ではその後、芦生研究林内の様々な森林を観察、解説するガイドツアーの仕組みが確立され、ガイドや宿泊施設での収入も、芦生集落での貴重な収入源となっています。これに林業での雇用や収入も加わるとさらに良いのですが、残念ながら現在の芦生ではほとんど木材生産や保育作業を行っていません。

芦生の例はかなり特殊な事例ではありますが、各地域の森林の特性を活かしたイノベーションには、林業に限らず、まだまだ余地があると思われます。

8.2 公益的機能と林業

「公益的機能」は経済活動へも寄与

またまた身内の話で恐縮ですが、私が所属する京大フィールド研は、かつての演習林と水産実験所、臨海実験所などが集まってできた組織で、共通する学問分野として「森里海連環学」を標榜しています。この新しい学問は、「良い森づくりは川を通して里や海の豊かさに繋がる」という関係を明らかにすることで、単なる環境学だけでなく、よりよい林業のあり方や地域社会のあり方までを包含する学問分野です。

この森里海連環学を推し進めるため、フィールド研では宮城県気仙沼の畠山重篤さんに、社会連携教授として講義や実習を担当していただいています。畠山さんは「NPO法人森は海の恋人」活動でご存じの方も多いかと思います。牡蠣養殖業を営まれている畠山さんは、美味しい牡蠣を育てるために、1989（昭和54）年から山に木を植栽されています。この活動は一見、単なる環境活動と見られがちですが、一方では漁業における収穫物の価値を上げる経済活動という側面で捉えることもできます。すなわち、従来は金額では評価しにくく、経済活動の側面が強い林業と時に対立する「公益的機能」が、経済活動としても重要である、ということも示唆しています。

企業の経営戦略としての森林管理

こうした動きは、企業のCSR活動でも見られるようになってきました。森林に関する企業のCSR活動というと、森林所有者と契約して社員の課外活動やボランティア活動として森林整備を行う、などを思い浮かべますが、少し変わった事例としては、サントリーの天然水の森事業があります。

サントリーは言わずとしれた国内有数の飲料メーカーですが、飲料メーカーにとって水は最重要な原料の1つです。そこでサントリーでは、全国各地の工場の流域に18の「天然水の森」を設定し、「工場でくみ上げる水の2倍の地下水を育む」という目標を設定して、2015（平成27）年現在、約8000haの森林管理に直接的、間接的に関わっています。この活動の特徴は、単に天然林を保護するだけではなく、間伐遅れの人工林の手入れを進めるための林内路網作設や林業事業体および人材育成、地域支援にも積極的に関わっておられることです。つまり、本業である水資源を数十年にわたって確保するという経営戦略の一部として、本格的に新時代の森林管理、林業および地域のあり方を考えている形であり、従来の企業イメージアップのためだけの宣伝的なＣＳＲ活動とは一線を画しています。

森林率の高い日本では、多くの企業が森林に関係しているともいえます。例えば水は様々な種類の工場等にとって重要な資源ですし、また先端的工場でも木材そのものの利用が増えていく可能性もあります。今後、一時的な宣伝としてだけでなく、企業の戦略的な活動として、こうした林業への積極的支援、関与が増えていく可能性もあるでしょう。

8.3　森づくりへの情熱とやりがい

「低効率な方法」をあえて継続するエネルギーを

繰り返しになりますが、イノベーションとは、他ではやっていないアイデアを企て、実行することです。新しいアイデアの実行には様々な障害があり、成功する確率も低いものですが、まずはアイデアが生まれやすい状況を作ること、そしてその成功確率を上げるために、精度の高い情報を収集、分析して十分に計画を練ること、さらにそのような人材を育てることが鍵となります。

こうした体制づくりは、「伝統をぶちこわす」ことに繋がりかねず、特に長い歴史を有する林業では、伝統を大事にする、すなわち先人の努力を尊重することも大切になりますので、そのバランスは大変難しいものとなります。どの部分の伝統を壊し、どこを変えていくのかの判断は、これも賭に近い部分もありますが、最終的には「豊かな森づくりとそれがうまく回る仕組みづくりにどこまで情熱を注げるか、やりがいを感じられるか」にかかっているのではないかと思います。森づくりは自由度が非常に高いですので、結局は情熱次第で人それぞれの素晴らしい豊かな森ができるでしょう。その時代には認められなかったものも、数十年後にはすごい、と認められる日が来るかもしれません。

世の中には短期的には無駄と思えることでも、長期的には有利な結果を生むことが多々あります。長期的な持続可能性の確保の上で重要なのは「多様性」です。多様性は、「生物多様性」など、環境の持続可能性を議論する中でよく使用される用語ですが、経済や社会など様々な面でも重要な考え方です。絶えず変化する社会情勢の中では、現在、高効率な方法がこれから先も高効率であるとは限らず、現在は低効率でも、将来は高効率となる方法に発展する可能性があるからです。この点は第7章で取り上げた人材育成や大学での研究にも通じ、果ては教育論や国家論にまで発展する議論ですが、これは別の機会にしたいと思います。

人間の遺伝情報は、タンパク質を合成するためのＤＮＡに保存されていますが、実際に使われる遺伝子は２〜３％に過ぎないといわれています。他のＤＮＡはかつて「ジャンクＤＮＡ」と名付けられ、何の機能も持たない無駄なものと考えられてきましたが、最近の研究では、遺伝子の損傷時の緩衝領域としての働きや、新しい遺伝子発現のための貯蔵庫としての機能などがあるのではないかとも推定されています。

多様性を維持するためには、「短期的には低効率であること」を継続して行っていかなければなりません。しかし短期的な経済性の確保のためには、低効率な方法は「無駄なもの」として真っ先に切り捨てるべき候補に挙がることにもなります。ＤＮＡの例でも、近年はジャンクＤＮＡ（ノンコードＤＮＡ）をほとんど持たない生物が確認されています。実際の世の中でも切り捨てるべき悪習も多々あり、また万人が賛同する低効率な方法などありませんから、それを維持、または挑戦するのに費やさなければならないエネルギーは相当なものになるでしょう。つまり、それを支える情熱とやりがいがなければ続きません。

イノベーションを支える夢、ロマン

ただし、その情熱はあくまで森づくりをベースにしたものでなければならないのではないかとも思います。例えば近年は新時代のエネルギーとして、木質バイオマス発電だけでなく太陽光発電などのいわゆる再生可能エネルギー全般が注目され、全国各地に大規模太陽光発電所（メガソーラー）が建設されています。中には数十 ha の森林が開発されるケースもあり、実際に森林所有者は林業を行うよりも多くの収入を得ることができるようになるでしょう。しかし一方で、これまで不特定多数の住民が恩恵を受けてきた森林の生態系サービスのうちの多様な公益的機能は消失し、エネルギー産出のみの単機能となるうえ、そのメリットが享受できるのは直接的には事業者のみになります。開発に当たっては水害防止や環境保全などの様々な観点から審査と対策が行われますが、それでよいのか、とやや複雑な気持ちになります。

こうした気持ちは、大径化する人工林資源への対応でも感じることがあります。大径化対応としては、機械を大型化したり、機械で処理できるサイズのうちに主伐を行うなどの方法が考えられますが、大型化した機械を使用するためには路網幅員も大きくする必要があります。地質や傾斜に問題がなければ、大型化した機械は能率も高くて良いですが、機械の大型化には路網の強靭化や拡幅が必要になりますので、地質や傾斜によっては山を壊してしまうリスクも高くなります。本来、路網や林業機械は、森づくり、資源活用のためのツールであり、機械によって森づくりが規制されてしまうことは好ましくなく、ましてや山を壊すことなどもってのほかでしょう。

このような場面でこそ、例えば小幅員路網で使用できる機械を開発するというイノベーションが必要です。前の車を自動追従することのできる乗用車が２００万円で買える時代ですから、運材車を連ねて走行する技術などを開発することによって、大型トラックが不要となる可能性もあるのです。あくまで森づくりを基本として、その実現に向けたイノベーションを考えていきたいものです。

この世の中には、子どもたちや遠い子孫のためまでを考えて実行できる産業は、林業をおいて他にありません。その点で森づくりにはやりがい、ロマン、夢がたくさん詰まっています。林業をやる人こそ、夢を持つ必要があり、また夢が持てるのです。本書もまた、私個人の「林業への夢」の塊のようなもので、内容には多くの誤りがあるでしょうし、異論も多いかと思います。それでも本書が、読者の皆さんそれぞれの「林業への夢」を、少しでも現実に近づけるために役立つことを祈っています。

謝辞

執筆にあたり、全国林業改良普及協会の本永剛士氏、白石善也氏からは貴重なご助言をいただき、岐阜県立森林アカデミーの杉本和也先生、京大フィールド研の坂野上なお先生、長年の良き友人である住友林業㈱の岡田広行氏にはお忙しい中、記述内容をチェックしていただきました。また本書での議論は、恩師である神崎康一先生と竹内典之先生や、山手規裕さん、楢崎達也さん、新永智士さん、上記の杉本和也先生、森奈緒美さん、白澤紘明先生（現、信州大学）、アレックス・バストスさんをはじめとするこれまでの多くの研究室卒業生と積み重ねてきた議論の途中経過でもあります。また、国や自治体等の委員会や研修でも様々なものを勉強させていただきました。その他、議論に付き合っていただいた森林利用学会、森林計画学会、森林施業研究会や企業、林業事業体、自治体の皆様、そしてすべての友人、家族にこの場をお借りして厚く御礼申し上げます。

索　引

さ行

た行

な行

は行

ま行

や行

ら行

英字（アルファベット順）

長谷川尚史　はせがわ・ひさし

1969年、京都市生まれ。京都大学フィールド科学教育研究センター森林育成学分野准教授。京都大学大学院農学研究科林学専攻修了、京大博士（農学）。京都大学農学部附属演習林助手、同農学研究科森林利用学分野助手を経て2008年より現職。現在は和歌山研究林長として和歌山県有田郡有田川町在住。専門は森林利用学で、特にGNSS、GIS、リモートセンシングデータなどを用いて、林地に適した森林管理手法を考える「精密林業」をテーマとした研究を行っている。近年は育林、伐出、流通に関するシミュレーションモデルの開発などにも取り組む。著書に『林業改良普及双書No. 180　中間土場の役割と機能』（共著、全国林業改良普及協会）がある。

林業改良普及双書　No.183

林業イノベーション
―林業と社会の豊かな関係を目指して

2016年2月25日　初版発行

著　者 ―― 長谷川尚史
発行者 ―― 渡辺政一
発行所 ―― 全国林業改良普及協会
〒107-0052 東京都港区赤坂 1-9-13 三会堂ビル
電 話　03-3583-8461
FAX　03-3583-8465
注文FAX　03-3584-9126
H P　http://www.ringyou.or.jp/

装　幀 ―― 野沢清子（株式会社エス・アンド・ピー）
印刷・製本 ― 三報社印刷株式会社

ISBN978-4-88138-333-9